基于宏基因组技术探究铅胁迫下黄酮醇对植物的抗逆机制

张 旭 杨欢欢 著

U0243530

中国环境出版集团·北京

图书在版编目（CIP）数据

基于宏基因组技术探究铅胁迫下黄酮醇对植物的抗逆机制/
张旭，杨欢欢著. —北京：中国环境出版集团，2023.12
　ISBN 978-7-5111-5686-0

Ⅰ. ①基… Ⅱ. ①张…②杨… Ⅲ. ①植物—生态恢复—研
究　Ⅳ. ①X171

中国国家版本馆 CIP 数据核字（2023）第 224048 号

出 版 人　武德凯
责任编辑　殷玉婷
封面设计　宋　瑞

出版发行　中国环境出版集团
　　　　　（100062　北京市东城区广渠门内大街 16 号）
　　　　　网　　　址：http://www.cesp.com.cn
　　　　　电子邮箱：bjgl@cesp.com.cn
　　　　　联系电话：010-67112765（编辑管理部）
　　　　　发行热线：010-67125803，010-67113405（传真）
印　　刷　北京中献拓方科技发展有限公司
经　　销　各地新华书店
版　　次　2023 年 12 月第 1 版
印　　次　2023 年 12 月第 1 次印刷
开　　本　787×960　1/16
印　　张　8.25
字　　数　126 千字
定　　价　79.00 元
中国环境出版集团郑重承诺：
中国环境出版集团合作的印刷单位、材料单位均具有中国环境标志产品认证。

铅（Pb）作为最重要的持久性无机污染物之一，已经成为当今世界最普遍且最严重的重金属污染物。随着社会、经济的发展，采矿冶炼、化肥农药、医疗废物及含铅汽油燃烧等导致环境中的重金属 Pb 含量持续增加，造成严重的环境问题。Pb 不仅会对植物和动物产生严重的毒性作用，导致农牧业减产，还会危及食品质量与安全，最终威胁人类健康。因此，有必要针对重金属 Pb 开展相应的毒理性研究，而传统的毒性分析方法缺乏系统性及科学性。本书以微生物-植物系统研究为基础，建立针对重金属 Pb 的风险评价体系，并在此基础上揭示重金属 Pb 的毒性效应及其致毒机理。

土壤是污染物排放的主要环境介质之一。土壤健康是生态系统中的重要一环。重金属污染物鉴于其蓄积性、高毒性和持久性等特征，已经成为土壤环境中最为严重的污染因子。土壤污染的治理与管控，首先需要明确土壤环境概况，建立相应的污染风险评价体系，明确目标污染物及其迁移规律；其次需要针对目标污染物，优化改进植物修复技术，改良土壤环境的同时有效控制重金属污染物；最后需要实现绿色复垦，恢复土壤环境的生态活力。但传统的植物修复技术不能保证植物的生物量及植被覆盖率，严重影响了植物修复的生态效益，因此需要提高植物修复的抗逆性，增强其环境适应能力，从而保障环境修复效果。

本书首先对尾矿库进行环境评估及风险分析，明确了本研究的目标污染物，并研究了重金属污染物在水平和垂直方向的迁移转化规律。通过土壤酶活性和微生物群落分析，研究重金属 Pb 对土壤微生物的毒性，以及土壤微生物在 Pb 污染下的群落特征。以模式植物拟南芥为研究对象，以活性氧及植物抗性酶系统为切入点，分析重金属 Pb 对植物造成的氧化损伤；揭示重金属 Pb 对植物的毒性作用，建立相应的剂量-效应关系。通过外源施加黄酮醇，分析在 Pb 污染条件下，黄酮醇对于缓解 Pb 胁迫所造成的损伤以及增强植物抗逆性的作用。通过内源基因改良的方法，提高植物自身合成黄酮醇的能力，增强植物抗性及环境适应能力，从而有助于推广到植物修复技术的应用中。本研究还以微生物-植物为一个有机整体，利用宏基因组技术，研究重金属 Pb 的毒性作用通路，以及黄酮醇在增强植物抗性过程中的相关代谢途径。

本书以实际应用项目为依托，以典型重金属污染物 Pb 为研究对象，基于根际生命共同体，建立了针对重金属 Pb 的生态毒性评价体系，不仅为重金属 Pb 的生态毒性及其机理研究奠定了基础，而且为植物抗逆性研究提供了理论依据，为增强原位修复技术的应用和实践提供了技术支撑。本书对于建立完善的风险管控体系、保护环境安全及人类健康具有重要价值。深入研究重金属污染下的植物抗逆机制，并通过生物学方法强化植物的抗逆作用，对于污染土壤有效治理与生态修复及农业生产与食品安全保障意义重大。

本书由张旭、杨欢欢主持编著和审定，张志斌、崔大勇、仝晖、朱永官、孙国新、张彦浩、肖华斌、刘婧、陈付爱、海蒙蒙等参与了编写工作。

本书所涉及研究过程得到了国家自然科学基金、山东省自然科学基金等的支持。本书的出版得到了山东省优势特色学科（建筑学）的资助，还得到了山东建筑大学、齐鲁师范学院、山东大学、苏黎世大学、中国科学院生态环境研究中心等单位的帮助，在此表示衷心感谢。

鉴于本书内容所涉及理论和技术尚且属于探索研究阶段，本书难免有不足之处，敬请谅解。

符号说明

Pb	铅	APx	抗坏血酸过氧化物酶
Cd	镉	GPx	谷胱甘肽过氧化物酶
Hg	汞	AsA	抗坏血酸
Cr	铬	GSH	谷胱甘肽
Cu	铜	DAB	二氨基联苯胺
Ni	镍	NBT	氯化硝基四氮唑蓝
Zn	锌	DPBA	对-二苯氨基苯基硼酸
Fla	黄酮醇	TT4	查尔酮合成酶（CHS）
MS	质谱	TT5	查尔酮异构酶（CHI）
HPLC	高效液相色谱	TT6	黄烷酮 3-羟化酶（F3H）
ROS	活性氧簇	TT7	黄烷酮 3'-羟化酶（F3'H）
MDA	丙二醛	FLS1	黄酮醇合成酶（FLS）
MTs	金属硫蛋白	GB	中华人民共和国国家标准
PCs	植物螯合素	GO	基因本体数据库
AOX	交替氧化酶	CAZy	碳水化合物活性酶数据库
SOD	超氧化物歧化酶	Kegg	京都基因与基因组百科全书数据库
CAT	过氧化氢酶	eggNOG	基因进化谱系非监督直系同源簇数据库
POD	过氧化物酶		

目　录

第 1 章

绪　论

1.1　土壤重金属污染现状

　　土壤是人类的生存之本,土壤污染的研究和治理尤为重要。近年来,大量的毒性物质或过量的营养物质进入土壤环境,超过了土壤生态系统的自净能力,造成土壤生境持续恶化。土壤生态系统作为陆地生态系统生物界和无机界的衔接中心,不但在系统内维系着正常的物质循环和能量流动,而且与大气圈、水圈以生物之间不断进行着传递交换。一旦土壤环境发生污染,污染物质发生界面传递及转化,将严重危害人类的生存和发展。土壤健康对于陆地生态系统的正常运转至关重要。重金属污染物由于其特有的持久性、累积性、放大性和高毒性,往往对土壤环境造成不可逆转的危害,已经成为土壤环境最为严重的污染因素。重金属污染物来源广泛,通常由采矿、冶炼、电镀及化学处理等活动释放。重金属不能被土壤微生物分解,而且易于积累、转化为毒性更大的污染物,危害农作物、家畜和水产品,最终造成人体内的累积和毒性放大,严重威胁人类的生存和发展。

　　环境激素是由人类生产和生活释放到环境中,能对生物体内原有激素调节产生干扰而影响内分泌系统的"外源性干扰内分泌物质",其中包括铅(Pb)等重金属及多氯联苯和多环芳烃等持久性有机污染物。与治理持久性有机物污染相比,环境中的重金属不能被生物降解。铅作为环境激素的重金属污染物，其生态毒性更大、污染状况更严峻。随着工业和农业的迅猛发展，采矿冶炼、农药施用、污水灌溉、能源燃料排放等人类行为加剧了土壤、水体和大气环境的重金属污染。铅是当今污染最严重且最普遍的重金属，全球每年排放量约达 7.83 万 t，铅也是我国地表土壤超标最为严重的重金属之一。受人类行为影响，环境中铅含量依旧呈升高的趋势并高于环境背景值。铅是一种具有致癌性、致畸性，影响儿童认知和行为能力、损伤遗传物质、诱导细胞凋亡等毒性效应的重金属。铅进入人体后，干扰多方面的生理生化活动，会对全身脏器造成严重损伤。土壤中的重金属污染已成为全球环境问题。铅作为最重要的持久性无机污染物之一，即使在低浓度下也会对植物和动物产生严重的毒性，通过食物链对人类健康造成严重危害。鉴于铅污染的环境持久性和高毒性，揭示铅的迁移转化规律的同时阐明铅的生态毒性迫在眉睫。

1.2 重金属对植物的毒性研究现状

若植物生长在重金属污染胁迫下，接触界面随重金属浓度升高和胁迫时间延长，受损伤程度逐渐增加。目前，重金属污染对植物的致毒机理研究主要集中在植物宏观生理生化指标和生物标志物等方面，包括剂量-效应关系以及相应模型的研究，并且由高剂量、短期的急性毒性试验向低剂量、长期的慢性毒性试验转变。重金属污染对植物体的损害包括直接损害和间接损害，重金属污染对植物的直接损害包括影响植物的水分代谢、抑制呼吸作用和光合作用、核酸代谢失调、碳水化合物代谢紊乱、氨基酸代谢失衡等。更重要的是，重金属胁迫严重破坏植物膜系统稳定，影响物质及信息交换传递。研究发现，木豆（*Cajanus cajan*）的两个不同基因型 *LRG*30 和 *ICPL*87 经 7.5 mmol/L Zn^{2+} 溶液或 1.5 mmol/L Ni^{2+} 溶液处理后，出现显著的质壁分离现象，而且根皮层中细胞器开始崩溃，核膜破损，核质聚集成胶团状。重金属胁迫还会影响光合磷酸化过程，干预植物正常光合作用。重金属干扰光合过程中的电子传递过程破坏叶绿体的完整性，并抑制参与光合作用的相关酶活性，不同重金属的抑制作用也有所不同。Ralph 等对一种海草的研究表明，Cu 和 Zn 对光合过程的影响比 Pb 和 Cd 的显著。重金属胁迫严重抑制植物的呼吸作用，降低参与植物呼吸作用的相关酶活性，破坏线粒体结构的完整性。此外，重金属胁迫干扰植物核酸代谢过程，如已有研究表明，蚕豆（*Vicia faba* L.）根尖的 DNase 和 RNase 酶活性以及 DNA 和 RNA 含量随 Cd 浓度的增加而显著降低，延长细胞分裂周期，抑制蚕豆根尖细胞分裂等。葛才林等发现，Cu、Cd 和 Hg 单独作用下，能引起水稻和小麦叶片中 DNA 交联。而这种交联的蛋白质易被胰蛋白酶水解，从而降低水稻幼苗的蛋白质合成速率。

重金属污染对植物的间接损害包括影响土壤营养结构，破坏原有有机物或无机物所固有的化学平衡，破坏土壤环境稳态；通过拮抗作用或协同作用，造成植物体中元素失调，抑制植物种子萌发，影响植物的生长发育。在重金属胁迫下植物自身存在相应的胁迫应答，Boominathan 等研究了重金属 Cd 对遏蓝菜中抗氧化代谢系统（超氧化物歧化酶活性和谷胱甘肽）的影响，发现经过 Cd 处理后，烟草根的生长受到抑制，过氧化氢水平提高 5 倍，脂质过氧化作用增强。Sobrino 等研究了 Cd 和 Hg 对苜蓿体内特定生物指标的致毒效应，发现在重金属胁迫下植物体内的生物硫醇、谷胱甘肽和植物螯合素显著增加，抗坏血酸过氧化物酶和谷胱甘肽还原酶活性亦随之升高。脯氨酸在重金属胁迫下于植物体内积累，参与清除活性氧自由基以及缓解膜脂过氧化作用，植物体内脯氨酸含量升高是植物对逆境胁迫的一种应答机制；植物保护酶系统的 SOD、POD 和 CAT 活性也显著增强。植物针对重金属胁迫的适应性策略主要是排斥效应和富集作用，还包括在长期适应过程中生物学方面的变化，从而形成特定耐受机制，以适应重金属污染环境。PCs（植物螯合素）具有螯合重金属的功能；已有研究表明，重金属胁迫下植物体内 PCs 含量升高，螯合重金属，从而降低细胞内游离金属离子，减轻重金属的毒害作用。

1.3 类黄酮的植物抗逆研究现状

类黄酮（Flavonoids）作为植物体内重要的一类次生代谢产物，广泛存在于蔬菜、水果、茶叶等食源性植物中，以自由态（黄酮苷元）或结合态（黄酮苷）形式存在。黄酮醇类（Flavonols）是黄酮类化合物中的一类，也是各类黄酮化合物中数量最多、分布最广泛的一类，已发现 1 700 多种。槲皮素（Quercetin）是最典型的类黄酮之一，在 C3 位羟基上结合糖分子即形成植物中普遍的成分——芦丁（芸香苷）。柑橘属的多种植物中含有丰富的黄酮类化合物，包括川陈皮素和橘红素等。大豆和茶叶中分别含有大豆异黄酮和茶多酚。类黄酮在植物抵抗外界不良环境的过程中具有重要作用。研究发现，类黄酮可以作为信号分子，诱导植物根部与其根际微生物相互作用，从而抵御昆虫、草食动物和病菌侵袭，以及非生物胁迫（高盐、干旱、重金属等）所造成的损伤。干旱胁迫诱导马铃薯的黄酮合成途径相关酶的基因表达量增加，包括查尔酮合成酶、黄烷酮 3-羟化酶和类黄酮糖基转移酶基因等。Walia 等利用盐不敏感型水稻 FL478 和盐敏感型水稻 IR29 进行的分析研究表明，盐胁迫诱导 IR29 品系中类黄酮合成途径基因的表达量增加。Wahid 等发现，盐胁迫下多酚类物质、花色素以及黄酮含量都显著升高。黄酮醇结构和黄酮醇合成途径如图 1-1 所示。

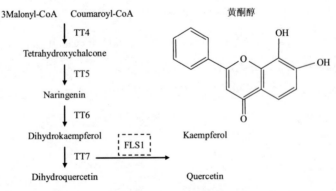

图 1-1　黄酮醇结构和黄酮醇合成途径

植物防止紫外线（UV）损伤主要依赖叶片中的黄酮类化合物的合成。植物可以通过类黄酮吸收紫外线，保护植物组织以尽可能免受辐射伤害。在遭受紫外辐射后，含有花色素苷的蓝叶玉米的 DNA 受损程度远低于不含花色素苷的绿叶玉米。类黄酮还可以显著增强植物的重金属抵抗能力。在金属铝的胁迫下，植物体内类黄酮含量明显增加，植株体内类黄酮的渗出量会比对照组植株高出数倍，植物重金属抗性与类黄酮密切相关。植物根尖端的铝能够被五羟基黄酮染色，说明黄酮醇能够直接结合某些金属离子，从而增强对重金属的抗性。黄酮醇是黄酮醇合成酶 FLS 的催化产物，能够保护植物以抵御外界胁迫损伤、作为信号分子促进植物根部和共生菌互作、调节植物激素（如生长素）的运输等，黄酮醇还对植物的花粉育性起到重要作用。此外，黄酮醇同样对动物有非常重要的作用，包括抗氧化、抗炎症、抗癌及抗菌等。

1.4 微生物与植物间关系研究现状

根系分泌物是组建植物-微生物-土壤有机统一体的重要纽带。根系分泌物为土壤微生物提供了重要的能量、物质，影响微生物群落的种类组成和数量分布，从而导致特定种类植物或特定时期根际微生物群落存在一定特异性。根系分泌物与根际微生物相互作用：根际微生物量与根系分泌物量密切相关，根系分泌物种类影响了根际微生物的种类、分布和代谢活性，最终决定了根际微生物群落结构。例如，研究发现，黄烷酮和异黄酮能有效提高根瘤菌侵染率和固氮性，通过基因改良油菜使其产生黄酮类物质进而诱导根瘤菌的结瘤基因表达是使其高产的有效手段。根系分泌物可直接作用于根际微生物，抑制或增强其活性，还可能通过干预一类微生物进而影响其他微生物。已有证据表明，可通过调节根系分泌物的方式，提高根际有益微生物的多样性和丰富度，进而提高植物抗逆性。

根际微生物同样会反作用于根系的生长和发育。土壤中微生物自身代谢产物会干预植物根系的分泌作用，影响根的代谢过程和细胞通透性，修饰根系分泌物。已有研究表明真菌可以通过影响植物根的表皮细胞通透性而增加对某些营养元素的吸收。土壤微生物对植物的影响主要是通过改变土壤环境条件或影响植物相关代谢通路。土壤微生物通过提高土壤中营养元素有效性，改善根系状态，促进植物的生长和发育。植物通过其根际分泌物影响着土壤微生物的群落结构和代谢活性。研究表明根际微生物和植物建立的有机体系对提高植物重金属抗性有明显的作用。土壤微生物与植物相互作用受多种环境因素影响。建立并探究植物、微生物与土壤环境之间的关系，关注土壤-微生物-植物所构成的统一体，可为绿色农业发展、林业保护和环境修复等提供技术支撑。充分利用微生物的生物学潜力将有助于促进植物的环境适应性、减轻环境污染，实现农林业的可持续发展。

1.5 宏基因组学研究及应用现状

宏基因组学是以环境样品中微生物群体的基因组作为目标对象，以测序和功能基因分析为研究手段，以分析微生物群落结构、微生物进化关系、微生物功能活性和相互作用关系，以及与环境之间的密切关系为研究目的的一种系统化研究与分析方法。从地球生命产生至今，微生物在很多方面一直占据着主导地位，存储着地球上最多的 C、N、P 营养元素。微生物几乎分布在所有的环境介质中，如大气、土壤、海洋，甚至一些极端条件的环境中。微生物在很多方面起着重要作用，如生态循环、食品生产、动植物健康等。宏基因组（Metagenome）又被称为微生物环境基因组或元基因组，即生境中全部微小生物遗传物质的总和，包括可培养和不可培养微生物的基因，主要是指环境样品中的细菌和真菌的基因组总和。宏基因组不依赖微生物的分离-培养过程，解决了传统方法所存在的技术难题，伴随新一代高通量测序技术的广泛应用，对样品中包括原核和真核微生物全部 DNA 在内的环境样品进行测序，建立相关数据库，序列拼接组装，最终全面系统地分析微生物群落结构以及基因功能和代谢通路。

宏基因组测序按照具体的研究策略又可分为扩增子测序（Amplicon

Sequencing）和鸟枪法测序（Shotgun Sequencing）两大类，可有效避免在实验过程中所存在的由于环境改变所引发的序列变化偏差。扩增子测序利用基因组中的某些特定区段进行研究，如细菌的 16S rRNA 和真菌的 ITS 区等。鸟枪法测序则是将提取的微生物基因组 DNA 打断成一系列片段分别进行测序；相较于扩增子测序，鸟枪法测序得到的序列信息更多，能够真实地反映样本中微生物多样性情况，同时能在分子水平对其代谢通路、基因功能进行研究。宏基因组技术及基因组测序等手段为研究微生物群落的结构-功能特征和微生物对环境的响应-反馈机制，以及为破除农林业发展以及环境评价与生态修复的"瓶颈"提供了新的技术支撑和手段。将植物生长状况与根际微生物宏基因组状况联系起来，基于典型土壤微生物基因数据库，构建并分析土壤-微生物-植物之间的内在关联机制，揭示微生物群落与环境因子之间的相互作用关系，阐明其功能及相关代谢机制，探究不同的环境因子对微生物-植物系统的影响以及微生物-植物对此作出的响应。

1.6　研究目的、意义和主要研究内容

1.6.1　研究目的及意义

进入土壤中的过量重金属离子对土壤、微生物和植物产生影响，最终导致极为复杂的生态毒理效应。本研究对鞍钢尾矿库开展环境评价及分析，确定目标污染物为重金属 Pb；利用模式植物拟南芥，深入探究重金属 Pb 对微生物和植物的毒性作用及其应答机制；基于宏基因组技术，旨在阐明重金属 Pb 的毒性作用通路以及黄酮醇参与植物抗逆的相关代谢途径，为重金属污染的风险评估及有效控制奠定了理论基础。传统的物化改良剂不能有效提高植物修复效果，而且可能会造成二次污染等问题；植物自身合成的黄酮类代谢产物，不仅可以有效地改良土壤环境，干预土壤微生物并促进根系生境的稳定，而且能增强植物对重金属污染等胁迫因子的抗性，保证生态原位修复的复垦效果；真正实现重金属污染土壤的资源化利用，为保

障耕地红线，建设资源节约型和环境友好型社会提供强有力的技术支撑。

本研究包括土壤理化性质、污染物成分及形态、重金属迁移转化规律、微生物群落变化特征、植物生理学分析；能够更加全面地评估土壤现状，为污染场地管控和土壤环境修复提供理论依据。土壤修复不仅要实现污染物的有效防治，更要在保证生物量的基础上，恢复土壤的生态功能；本研究所发现的黄酮醇类物质，既可以缓解重金属对植物的毒性作用，又可以显著提高植物的抗逆性，能够应用于复杂多变的恶劣环境中。本研究中所构建的特定基因型植株不仅可用于阐明黄酮醇的抗逆效应和机制，而且为重金属污染土壤的植物高效修复技术研发提供了新思路；集成了抗逆特性的植物修复方法在保证土壤修复场地环境稳定性的同时，将会产生更加显著的生态效益和经济效益。

1.6.2　研究内容与技术路线

本研究技术路线如图 1-2 所示，主要包括以下 5 部分内容。

（1）基本理化性质及特征污染物分析

选取鞍钢大孤山尾矿库的特定区域作为典型重金属污染场地，分析其土壤理化性质（酸碱度、有机质含量、含水量和孔隙度等）；提取并检测土壤中重金属污染物，确定典型污染物的种类、浓度和污染特征；揭示重金属迁移转化规律；研究典型污染场地土壤中重金属复合污染和土壤环境状况之间的关系，建立重金属污染物的风险评估体系。

（2）重金属 Pb 对微生物和植物的毒性分析

结合典型土壤酶活性变化特征，利用高通量测序分析重金属 Pb 污染下的土壤微生物群落变化特征（种类、数量、丰富度和多样性等）；研究重金属种类和土壤中的浓度与土壤微生物种类及数量之间的关系。揭示 Pb 对植物种子萌发和发育前期的影响；结合植物表观生长指标以及 ROS 动态变化，分析 MDA 以及 MTs 变化，评估 Pb 对植物的毒性效应；分析抗氧化酶系统和抗坏血酸-谷胱甘肽酶系统，从而研究 Pb 对植物的氧化胁迫效应，确定敏感标志物及其应答过程。

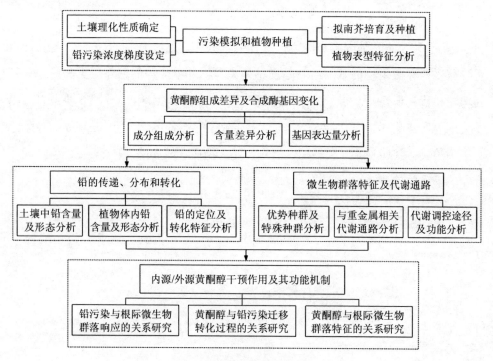

图 1-2 研究方案技术路线

（3）黄酮醇参与植物抗逆作用研究

外源施加黄酮醇，对比并分析植物的相关生理生化指标，研究 Pb 胁迫下黄酮醇的植物抗逆效应。利用 OE（过表达植株）、*fls1-3*（突变体植株）和 Col（野生型植株），分析基因改良能否促进植物黄酮醇的内源合成，同时分析并确定内源增加黄酮醇能否有效增强植物在 Pb 胁迫下的抗性，并揭示外源和内源提高黄酮醇含量所存在的共性及差异。

（4）黄酮醇及相关合成酶基因研究

构建特定基因型拟南芥植株（*FLS1：GUS*、*FLS1-GFP*、*NES* 和 *nes*），分析黄酮醇合成相关酶的基因表达量动态变化规律；研究黄酮醇合成酶基因（*FLS1*）在植物抗 Pb 过程中的关键作用；明确黄酮醇与 Pb 胁迫之间的关系；确定黄酮醇合成酶基因在植物中的表达及定位。

（5）Pb 胁迫及黄酮醇抗逆通路研究

基于 NGS 的宏基因组测序实验过程中，测定并比较 Pb 胁迫条件下，施加黄酮醇前后根际微生物的基因组。除物种分类和物种丰度等信息外，更关注相关基因功能和代谢通路。基于 CAZy、eggNOG 和 GO 等数据库，分析 Pb 胁迫以及施加黄酮醇所影响的主要功能区；基于 Kegg 数据库，分析 Pb 胁迫以及施加黄酮醇所干预的具体代谢途径（膜转运、信号传递、物质合成和酶反应等），还包括同系保守的子通路信息。

第 2 章

目标污染物的确定及其迁移转化研究

2.1 引言

随着工业化发展步伐逐渐加快,矿产资源开发利用程度显著提高,截至 2014 年我国尾矿总产生量高达约 12 亿 t,已累计堆存 100 亿 t,占全国工业固体废物的 45%以上。我国铁尾矿利用率低、占用大量的农林业用地,导致土地资源平衡丧失。尾矿中存在的大量重金属污染物等发生生物化学迁移转化作用,不仅会对土壤环境以及周边的土壤生态系统造成不良影响,而且会对大气和水环境造成严重威胁。重金属等污染物将会导致土壤污染、土地退化、农牧业减产,甚至会通过食物链传递直接威胁人类健康和生存。尾矿库已成为重要的环境污染源,影响了生态平衡,对人类的生产和生活环境造成污染和危害,因此迫切需要阐明尾矿库土壤环境现状并建立污染风险评价体系。本章以鞍钢大孤山铁尾矿库作为目标区域,分析尾矿区土壤理化性质,确定尾矿区的主要污染物,对尾矿区土壤环境进行综合评价,探究目标污染物的迁移转化规律,揭示目标污染物的直接及间接环境风险。

2.2 材料和方法

（1）采样点选取及土壤样品采集

选定鞍钢大孤山尾矿库作为研究区域，采用网格布点法，对尾矿库土壤环境和污染状况进行调查分析。在各采样点分别采集 0～20 cm 表层土壤，并对土壤理化性质和重金属及有机污染物含量进行检测。在选定的采样点挖一个长 1.5 m、宽 0.8 m、深 1.0 m 的土坑，然后由下而上间隔 20 cm 依次采集不同深处的土壤样品。采集样品放入自封袋内，注明剖面号码、土层深度、采样时间和地点等重要信息，用于分析重金属在垂直方向的迁移转化。根据地势走向由高到低，沿水流方向，自尾矿核心区开始，选择 10 个采样点（S1～S10）依次采集，其中 S1～S3 位于尾矿库内部，S4～S8 位于边界处，S9～S10 位于公路运输区，每个采样点之间的距离为 200 m。同时另选取研究区内 5 个采样点（Y1、Y2、Y3、Y4 和 Y5）用作重金属形态分析。将所有样品密封于聚乙烯塑料袋中。在实验室内用刀子将土壤样品核心分成 2 cm 间隔的子样品。挤出空气后，每个子样品立即密封在塑料袋内，并在 4℃冰箱中保存。在分析之前，将样品在室温下干燥，用研杵和研钵研磨直至所有颗粒通过 200 目尼龙筛。

（2）土壤 pH 测定

参考《森林土壤 pH 值的测定》（LY/T 1239—1999），采用 $CaCl_2$（pH=6.0）溶液作为浸提液。待测样品为碱性土壤，浸提液和土壤质量比为 5∶1，浸提液经平衡后，用 pH 计测定样品值。

（3）含水量测定

参考《土壤水分测定法》（GB 7172—87），采用烘干测定法，通过湿土称重、干燥脱水（105℃的恒温箱 24 h），然后再用干土称重的差量比较法来测定土壤样品含水量。

（4）有机质含量测定

参考《土壤有机质测定法》（GB 9834—88），采用重铬酸钾氧化-加热法测定土壤样品的有机质含量：土壤样品加入重铬酸钾溶液后加热消煮，过量的重铬酸钾用硫酸亚铁铵标准液进行滴定，测得土样有机碳含量，计算得出有机质含量。

（5）土壤孔隙度测定

土壤容重测定利用环刀法：环刀取出土壤样品，体积为 100 cm^3，移入铝盒，105℃烘干后准确称量，计算得出土壤容重。称取 10 g 烘干土样装入比重瓶，注入少量蒸馏水，水土混匀后电热板煮沸 30 min，蒸馏水充满比重瓶后称重，将比重瓶洗净，注满蒸馏水后称重，计算得出土壤比重。通过土壤容重和土壤比重得出土壤孔隙度：土壤孔隙度=（1 − 土壤容重/土壤比重）× 100%。

（6）重金属形态分析

采用 Tessier 实验对土壤中 5 种形态的重金属进行分离提取。可交换态（步骤①）：8 mL 1 mol/L $MgCl_2$ 溶液，pH = 7.0，室温持续振荡 1 h，离心（3 000 r/min）20 min，提取上清液待测。碳酸盐结合态（步骤②）：步骤①残留物加入 8 mL 1 mol/L NaAc 溶液，pH = 5.0，室温连续振荡 8 h，离心（3 000 r/min）20 min，上清液提取待测。铁锰氧化物结合态（步骤③）：步骤②残留物加入 8 mL 0.04 mol/L $NH_2OH \cdot HCl$ 的 25% HAc 溶液，（96±3）℃匀速间歇式振荡 4 h，离心（3 000 r/min）20 min，上清液提取待测。有机结合态（步骤④）：步骤③的残余物加入 3 mL 0.01 mol/L HNO_3 溶液和 5 mL 30% H_2O_2 溶液，然后调节至 pH = 2.0，将混合物在水浴（85±2）℃加热振荡 2 h，冷却至室温，加入 5 mL 3.2 mol/L NH_4Ac 的 20% HNO_3 溶液，稀释至 20 mL，连续摇动 30 min，离心（3 000 r/min）20 min，上清液提取待测。残渣态（步骤⑤）：步骤④残留物溶于 12 mol/L HCl 溶液、70℃、1 h，加入 15 mL HNO_3 溶液、10 mL HF 溶液和 5 mL $HClO_4$ 溶液，烘烤至近干，稀硝酸溶解待测。

（7）重金属含量测定

重金属的提取采用高压微波消解法：准确称取 0.3 g 的风干土样、填于聚四氟乙烯微波消解罐，加入 10 mL 浓 HCl，放置过夜。电热板上低温加热，蒸发至约剩 3 mL，然后加入 4 mL 浓 HNO₃、3 mL 浓 HF 和 2 mL 浓 HClO₄，按照微波消解升压程序消解样品后取出消解罐，稍作冷却之后加入 5 mL 浓 HClO₄，电热板上继续加热赶酸至白烟冒尽，呈不流动的黏稠状。用 10 mL 的 1∶1 稀硝酸溶液冲洗内壁及消解罐盖，温热溶解残渣，冷却后，定容至 25 mL 待测。重金属检测利用原子吸收分光光度法。

2.3 结果与讨论

2.3.1 典型污染物确定及污染指数

通过对土壤物理性质、化学性质、重金属及有机污染物的检测与分析，从而掌握铁尾矿库土壤环境现状，确定土壤中污染物的成分和浓度特征。研究结果如下：尾矿区为碱性土壤（pH 为 8.65），孔隙度较低（44.68%），含水量低（1.93%），有机物含量极低（1.15%）；有机污染物（多环芳烃等）未检出，主要环境污染物为重金属。

表 2-1 所示为 7 种重金属含量的测定结果，以及每种重金属对应的土壤环境质量标准值和土壤背景值。数据显示，尾矿中重金属（Cd、Hg、Pb、Cr、Cu、Ni 和 Zn）含量均未超出《土壤环境质量 建设用地土壤污染风险管控标准（试行）》（GB 36600—2018）。然而，与当地土壤背景值相比，重金属含量超出背景值或达到临界值，存在较严重的污染风险。为了准确系统地分析尾矿区污染状况，基于土壤背景值，采用内梅罗综合指数评价法，对尾矿区土壤环境质量进行评估。

$$P_i = C_i / S_i; \quad P_N = \{[(C_i / S_i)_{max} + (C_i / S_i)_{ave}] / 2\}^{1/2}$$

式中，C_i 为测定值，S_i 为土壤背景值，P_i 为单因子污染指数，P_N 为综合污染指数。尾矿重金属污染指数和分级标准如表 2-2、表 2-3 所示。

表 2-1　尾矿重金属含量和土壤环境参考值

重金属	测定方法	检测值/ （mg/kg）	《土壤环境质量　建设用地土壤污染风 险管控标准（试行）》限值/（mg/kg）	土壤背景值/ （mg/kg）
Cd	GB/T 17141	0.067	0.8	0.097
Hg	GB/T 22105	0.006	1.5	0.065
Pb	GB/T 17141	16.950	80	12
Cr	GB/T 17137	37.500	250	61
Cu	GB/T 17138	12.500	100	22
Ni	GB/T 17139	11.500	100	29
Zn	GB/T 17138	47.000	300	74

表 2-2　尾矿重金属污染指数

重金属	单因子污染指数	综合污染评价
Pb	1.41	
Cd	0.69	
Zn	0.64	
Cr	0.61	P_N=1.01
Cu	0.57	轻度污染
Ni	0.40	
Hg	0.09	

表 2-3　尾矿重金属污染分级标准

综合污染指数	污染评级	综合污染指数	污染评级
$P_N \leq 0.5$	安全	$2 < P_N \leq 3$	中度污染
$0.5 < P_N \leq 1$	警戒值	$P_N > 3$	重度污染
$1 < P_N \leq 2$	轻度污染		

　　尾矿区重金属污染的 P_N=1.01，比对污染分级标准，属于轻度污染水平。尾矿库堆积量增加，重金属污染物的累积也随之提高；尾矿库占地面积大，重金属可通过各种环境介质进行迁移，对周边环境和人类健康具有潜在的危害，因此需要对其迁移转化规律进行进一步的分析和研究。对尾矿中各种重金属含量进行分

析，掌握重金属的浓度特征，利用单因子指数法，比较各重金属的污染指数，结合参考 P_N 得出的 10 种重金属污染贡献率，筛选出目标污染物，确定污染物成分。表 2-2 中数据显示，从浓度看，7 种重金属污染物含量均不高，与土壤环境质量标准相比，所有重金属含量均在该标准范围内；然而与当地土壤环境背景值相比，Pb、Cd、Zn 和 Cr 的单因子污染指数较高，其中重金属 Pb 显著超出了土壤环境背景值，对土壤污染指数贡献最高（Pb 单因子污染指数=1.41），且考虑重金属 Pb 具有强毒性和蓄积性，Pb 被列为本研究的目标污染物。

2.3.2 重金属污染物的垂直迁移规律

尾矿中重金属（Cu、Zn、Pb、Cd、Cr）在垂直方向上的迁移情况如表 2-4 所示。从剖面顶部到底部，Cu、Zn、Pb、Cd 和 Cr 的浓度最大值出现在深度为 40～80 cm 的范围内。Cu、Zn、Pb、Cd 和 Cr 总体呈现浓度明显波动和向下迁移的趋势，最终影响土壤中不同剖面的环境安全性。5 种重金属迁移规律有所不同。随着深度的增加，Cu 和 Cd 的向下迁移缺乏一定的规律性，呈现复杂的迁移特性，表明土壤的物理和化学性质可能显著影响 Cu 和 Cd 的垂直迁移过程。Pb、Zn 和 Cr 的迁移规律较为相似，随着深度的增加，重金属含量先下降（0～20 cm）后上升（20～80 cm），然后再下降（80～100 cm），这可能与 Pb、Zn 和 Cr 的性质和形态有关。不同重金属的向下迁移能力存在差异，相较于 Cu、Cd、Cr 和 Pb，Zn 具有更强的迁移能力；但当深度超过 80 cm 时，迁移能力明显下降，但仍保持向下迁移的趋势。

表 2-4　重金属在垂直方向的浓度变化（平均值±SD）　　　单位：mg/kg

深度	Cu	Zn	Pb	Cd	Cr	总计
P1（0～20 cm）	29.67±3.62	15.42±2.85	10.33±1.97	0.031±0.005	26.51±4.63	81.961
P2（20～40 cm）	12.66±5.41	5.33±1.28	8.75±1.12	0.037±0.008	19.58±3.31	46.357
P3（40～60 cm）	30.33±4.98	16.92±3.11	30.92±4.34	0.028±0.006	27.75±6.05	105.948
P4（60～80 cm）	11.67±2.05	78.25±9.43	39.66±8.56	0.128±0.024	29.42±3.17	159.128
P5（80～100 cm）	15.75±2.77	19.08±3.79	9.50±2.28	0.051±0.011	25.17±2.93	69.551

仅考虑重金属的迁移性，缺乏一定的系统性和科学性，因此，如图 2-1 所示，研究了 Cu、Zn、Pb、Cd、Cr 在迁移过程中的单因子污染指数以及这 5 种重金属的综合污染指数。重金属在垂直方向的迁移过程中，对环境污染的贡献度有所不同。Cu 和 Pb 由于其重金属浓度较高，因此其迁移性会严重影响深层土壤环境；此外，Pb 表现出较强的向下迁移能力，加剧了对土壤环境的纵向污染。Cd 的浓度虽然很低，但由于 Cd 的高毒性，其轻微变化就会对土壤安全造成严重的威胁，因此不能忽视某些含量低的重金属对环境安全的影响。重金属总量（Total）与综合污染指数（P_N）呈正相关（$R = 0.914$），P4 层重金属含量最高，污染指数也最高，再次印证了尾矿库重金属的向下迁移能力。中国辽宁地区酸雨以硫酸型为主，对土壤中的重金属淋溶具有较大影响。酸雨不仅加剧了重金属的迁移，还导致土壤中重金属的活化，最终毒害土壤环境以及水环境。考虑到尾矿的渗透性强、吸附能力差，地下水容易受到污染，因此开展重金属的实时监测以及尾矿区的植物修复尤为重要。

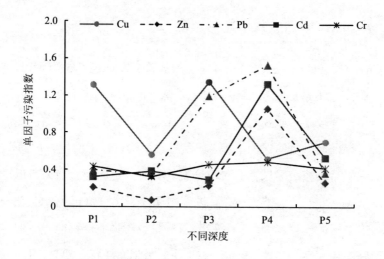

A. 单因子污染指数

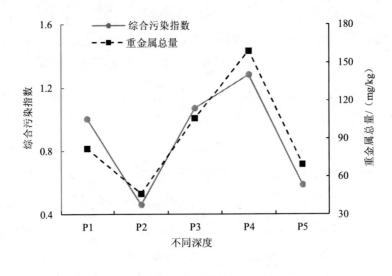

B. 综合污染指数

图 2-1　垂直方向上的重金属单因子污染指数和综合污染指数

2.3.3　重金属污染物的水平迁移规律

Cu、Cd、Cr、Pb 和 Zn 在水平方向上的迁移情况如表 2-5 所示，从 S_1 个到 S_8 采样点，重金属浓度随尾矿距离的增加而下降，但下降趋势不明显。S_9 和 S_{10} 采样点的重金属浓度较高，原因可能是 S_{10} 采样点靠近尾矿运输道路；经调查，尾矿运输车并没有采取必要的保护措施，容易导致运输过程中的尾矿掉落，S_{10} 采样点成为新的尾矿污染核心区域。5 种重金属均具有一定的迁移能力，但迁移规律差异较大。Cu 和 Cd 的迁移能力较差，浓度与迁移距离呈负相关；Cr 在一定距离范围内表现出较强的迁移能力；Zn 和 Pb 虽然呈现较强的迁移能力，但与迁移距离不具有较强的相关性。总之，在水平方向上，重金属迁移主要与迁移距离有关，这可能是由土壤理化性质所决定的，然而部分重金属的迁移规律复杂，还需考虑不同重金属的特性。

表 2-5　重金属在水平方向的浓度变化（平均值±标准误差）　　　单位：mg/kg

区域		Cu	Zn	Pb	Cd	Cr	总量
核心区	S_1	23.67±4.02	27.08±3.79	7.14±1.01	0.068±0.009	27.92±3.74	85.878
	S_2	11.08±1.43	15.66±2.13	3.18±0.55	0.007±0.001	14.29±2.15	44.217
	S_3	13.58±1.91	11.75±1.27	5.56±0.88	0.004±0.001	21.64±2.68	52.534
边缘区	S_4	8.21±1.48	14.58±1.65	0.79±0.12	0.078±0.008	18.59±2.16	42.248
	S_5	11.08±1.66	12.25±1.68	3.96±0.55	0.031±0.004	21.33±3.81	48.651
	S_6	8.50±0.94	13.42±2.11	5.56±0.92	0.024±0.002	21.30±2.88	48.804
	S_7	8.21±1.43	14.42±1.87	3.97±0.52	0.026±0.002	21.70±3.04	48.326
	S_8	7.26±0.79	14.83±1.53	4.76±0.73	0.023±0.003	20.08±2.49	46.953
运输区	S_9	13.92±2.16	18.67±2.39	8.75±1.02	0.011±0.001	26.17±3.17	67.521
	S_{10}	12.67±1.51	56.50±7.58	23.20±2.78	0.042±0.006	30.92±4.42	123.332

如图 2-2 所示，分析 Cu、Zn、Pb、Cd、Cr 在水平方向上迁移过程中的单因子污染指数以及重金属的综合污染指数。研究发现，Cu、Zn、Pb、Cd、Cr 在水平方向迁移过程中对环境污染指数的贡献度与垂直方向上呈现出明显差异。Zn 和 Pb 的污染指数在水平迁移过程中降低。Cu 的重金属浓度较高，而 Cd 的毒性较强，再加上 Cd 和 Cu 较强的迁移能力，Cd 和 Cu 的迁移对综合污染指数的贡献较大；但总体上，从 S_1～S_8 采样点，5 种重金属具有相似的迁移规律，即随着迁移距离增加，单因子污染指数呈下降趋势。然而，位于运输区的 S_9、S_{10} 采样点的污染指数升高，与前述结果相一致。有趣的是，重金属总量与综合污染指数的相关性（$R = 0.563$）较差，主要是由于某些低浓度的重金属却具有较高的毒性作用，成了环境污染的主导者。

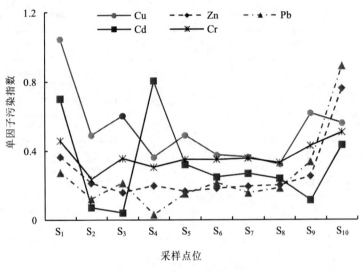

A. 单因子污染指数

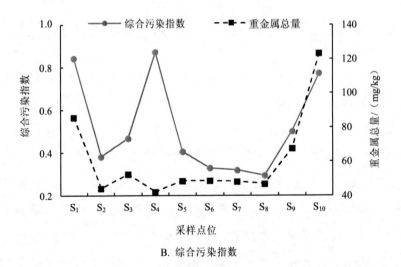

B. 综合污染指数

图 2-2　水平方向上的重金属单因子污染指数和综合污染指数

注：$S_1 \sim S_{10}$ 为采样点代码。

2.3.4　重金属 Pb 的形态转化规律

在垂直方向上设置 5 个 20 cm 深度间隔采样点（P1、P2、P3、P4、P5）。Pb 在垂直方向的形态转化如图 2-3 A 所示。Pb 的主要存在形态为残渣态（占 71.87%），其次是铁锰氧化物结合态、碳酸盐结合态和有机结合态，可交换态较少。潜在的生物可利用态达 24.38%，Pb 容易释放到环境中并破坏生态系统。在垂直方向上，随着土壤深度的增加，残渣态所占的比例先增加（P1～P3）后降低（P3～P5），与之相对应的生物可利用态则先降低后增加，其中碳酸盐结合态增加尤为显著。重金属 Pb 在垂直方向上具有一定转化能力，这加剧了重金属污染的潜在威胁。如果土壤条件发生变化，或出现极端天气（如酸雨等）降低土壤 pH，将导致大量活性态重金属被释放到周围环境之中，破坏深层土壤环境稳态，甚至威胁地下水体的安全。

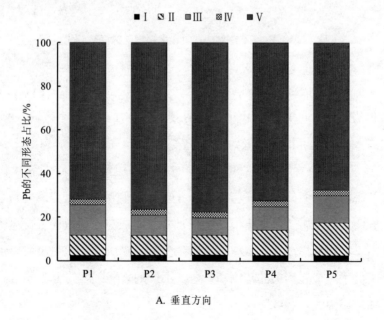

A. 垂直方向

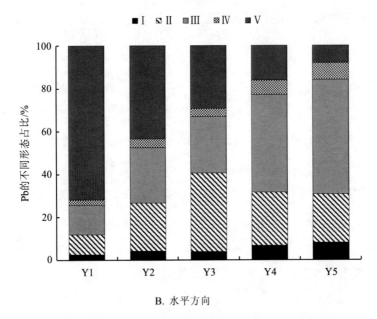

I—可交换态；II—碳酸盐结合态；III—铁锰氧化物结合态；IV—有机结合态；V—残渣态

图 2-3 Pb 在垂直方向和水平方向的形态转化

在水平方向上按照尾矿库地势由高到低设置了 5 个采样点（Y1、Y2、Y3、Y4、Y5）。Pb 的水平方向形态转化如图 2-3B 所示，在尾矿的核心区域，Pb 的主要形态是残渣态，但沿着地势降低的方向迁移过程中，Pb 的残渣态占比显著降低到7.93%，碳酸盐结合态和铁锰氧化物结合态显著增加到 76.2%，铁锰氧化物结合态不稳定并且在还原条件下容易释放，Pb 的生物可利用态及其生态毒性显著提高。与垂直方向上的形态转化规律不同，Pb 的形态组成在水平方向上变化明显，原因可能是由于不同采样点的土壤理化性质存在较大差别。由于 Pb 较强的迁移和转化能力，扩大了重金属污染的范围和影响，不仅危害尾矿区的土壤环境，而且对周围的生态环境构成严重威胁。

2.4　本章小结

　　本章选取鞍钢大孤山尾矿库为研究场地,首先分析了尾矿区土壤的理化性质,研究发现尾矿区尾矿土壤呈碱性（pH 为 8.65）、孔隙度低（44.68%）、含水量低（1.93%）,土壤贫瘠（有机质含量 1.15%）,不适于植物生长。其次,研究发现尾矿区污染物以重金属为主,重金属含量未超出《土壤环境质量　建设用地土壤污染风险管控标准（试行）》（GB 36600—2018）。根据辽宁土壤中重金属背景值,分析并建立了尾矿区土壤环境质量污染评价方法。尾矿区土壤属于轻度污染,其中 Pb、Cu、Zn、Cd、Cr 含量较高,重金属 Pb 对尾矿区土壤污染的贡献度最高,被列为本研究的目标污染物。分析发现重金属在垂直及水平方向上呈现复杂的迁移规律,Pb、Cu、Zn、Cd、Cr 在垂直方向上呈现较强的向下迁移趋势,但由于不同重金属的特异性,不同重金属呈现不同的迁移能力,其中 Pb 的垂直迁移能力较强。而且在垂直迁移过程中 Pb 的生物可利用态（碳酸盐结合态、铁锰氧化物结合态、有机结合态）占比显著提高,重金属在水平方向上的迁移呈现递减趋势,Pb、Cu、Zn、Cd、Cr 的水平迁移能力主要与其迁移过程中的土壤理化性质有关。从含量上看,Pb 在水平方向上迁移能力较低,但是在迁移过程中 Pb 的残渣态占比明显降低,Pb 的生物利用态占比显著提高。总之,Pb 作为尾矿区土壤中主要的重金属污染物,浓度较高,且具备一定的迁移转化能力,加剧了 Pb 对土壤环境的威胁,并扩大了 Pb 的污染范围,因此开展重金属 Pb 的生态毒性以及植物抗性研究,对于土壤环境修复及风险管控意义重大。

第 3 章

铅对土壤微生物的毒性效应研究

3.1 引言

　　土壤微生物是土壤环境中最为活跃的生物学组分,其正常的生理活动是维持生态系统功能的保证,同时土壤微生物所参与的直接或间接生化过程对环境污染物相当敏感,土壤微生物的响应与污染物种类及浓度密切相关,因此可采用土壤微生物相关指标来反映土壤中污染物的毒性效应,分析土壤环境条件及环境质量的变化。重金属作为土壤环境中的主要污染物,首先,对土壤微生物量造成影响。土壤微生物量是土壤生化反应过程中能量循环和物质循环所对应的生物总量,是土壤环境中最活跃且最敏感的指标。其次,重金属污染物影响土壤酶活性。土壤酶活性代表土壤生物学活性,其活性不仅可以作为土壤肥力和活力指标,而且可以作为土壤微生物活性的评价标准。最后,重金属污染物影响土壤微生物群落结构,不同土壤环境的微生物群落结构具有其独特的微生物多样性和生理功能。总之,重金属污染物严重影响土壤微生物群落,干扰土壤微生物的生态功能及作用。因此迫切需要开展重金属对土壤微生物的毒性效应以及微生物群落的变化特征的研究。本章以典型污染重金属 Pb 为研究对象,分析不同 Pb^{2+} 下土壤微生物的生物量和土壤酶活性,探究重金属 Pb 对土壤微生物多样性的影响,揭示 Pb 污染下土壤微生物群落特征，阐明重金属 Pb 对土壤微生物的毒性作用以及微生物群落的变化规律，建立重金属污染与土壤微生物响应间的关系。

3.2　材料和方法

（1）实验样品设计

配制标准营养土（营养土∶蛭石=3∶1），并设置对照组和 Pb 处理组，Pb 处理组中设置不同 Pb^{2+} 浓度梯度的土壤（100 mg/kg、200 mg/kg、500 mg/kg、1 000 mg/kg），每种浓度梯度分别设置三组平行实验；拟南芥先于 1/2 MS 培养基中培养（光照培养箱条件：温度 25℃、相对湿度为 60%）。当拟南芥达到四叶龄时，选择生长状态一致的拟南芥幼苗，将植株转移到对照组和 Pb 处理组土壤中，继续培养 21 d 后，采集根际土壤样品待测。

（2）土壤脲酶测定

称取适量土样，置于含有甲苯的锥形瓶振荡后，加入柠檬酸盐缓冲溶液和 10% 的尿素溶液并充分摇匀，37℃恒温箱培养 24 h 后过滤，取 1 mL 滤液加入次氯酸钠和苯酚钠溶液，摇匀，显色定容后，紫外可见分光光度计测定吸光度（波长 578 nm）。

（3）过氧化氢酶测定

风干土样加入 0.3% 的过氧化氢溶液，往返式摇床振荡 30 min 后加入 5 mL 浓硫酸终止反应，再用高锰酸钾溶液滴定酶促反应剩余过氧化氢量，土壤过氧化氢酶活性以单位土重消耗高锰酸钾溶液体积（mL）表示。

（4）高通量测序

16S rDNA 测序是针对微生物核糖体小亚基 rRNA 编码基因或者特定高可变区 PCR 扩增，反映群落的物种组成和群落多样性。文库构建遵循 Illumina 测序文库构建法。测序分析流程主要包括高可变区引物设计和 PCR 扩增，Illumina 测序文库构建，PCR 产物归一化处理，上机测序。针对 Illumina MiSeq Paired-end 测序数据进解析。根据 Barcode 信息进行样品划分，然后根据 Overlap 关系，Merge 拼接成 Tag，进行数据过滤，Q20 和 Q30 等质控分析后，对数据进行 OTU 聚类及物种分类学分析。

3.3 结果与讨论

3.3.1 Pb 对土壤微生物活性的影响

土壤酶活性是土壤微生物功能多样性的重要指标，过氧化氢酶是参与微生物氧化还原酶代谢的细胞内酶。如图 3-1 所示，过氧化氢酶活性随着重金属 Pb 胁迫的引入而出现明显的波动。脲酶参与土壤中有机氮的循环，对于植物利用氮元素有重要作用。与过氧化氢酶所表现的规律一致，Pb 的引入严重影响了脲酶的活性。由于重金属对土壤微生物群落有毒性作用，导致土壤酶活性降低，这可以从侧面反映土壤微生物活性的降低。

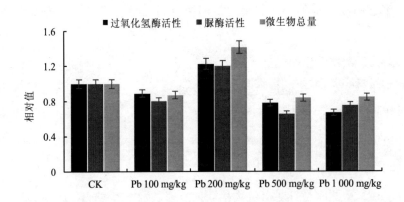

图 3-1 土壤中过氧化氢酶活性、脲酶活性和微生物总量

注：数据是 3 次重复的平均值±标准误差。

　　土壤微生物的有效序列是微生物总量（Valid Sequence）的重要指标。结合酶活性指标发现，重金属 Pb 不仅影响了微生物的活性，而且影响了微生物的功能群的相关代谢活性，进而可能危害土壤生物群以及植物生长发育。随着重金属 Pb 浓度的增加，微生物的数量和活性表现出复杂的规律。100 mg/kg 浓度下微生物活性和数量下降，由于浓度较低，未能造成明显的毒性效应。而当 Pb 浓度升高至200 mg/kg 时，微生物活性和数量显著增加，外源引入的胁迫因子激活了微生物的特定功能群，微生物活性也随之提高。当 Pb 达到较高的浓度（500 mg/kg 或1 000 mg/kg）时，Pb 对土壤微生物产生较强的毒性作用，微生物数量和活性均显著降低。

3.3.2　Pb 对土壤中微生物多样性的影响

　　Shannon 指数、Simpson 指数、Chao1 指数和物种数目（Observed Species）是用来衡量群落生态中的物种概况、反映均匀度和丰富度的综合指标。利用微生物多样性指数，对不同处理组的根际微生物进行分析研究。表 3-1 列出了空白对照组与 Pb 胁迫组根际微生物的微生物群落的序列信息和微生物多样性指数。Observed Species 随着 Pb 浓度的升高而先增加后降低。说明在较低浓度的 Pb 胁迫下，作为外界的环境因子介入，影响了微生物群落的稳定性，使微生物群落中的种类组成发生了变化，相对原有的微生物群落出现了新的微生物物种。然而，当Pb 浓度超过一定范围，严重干扰微生物群落，甚至产生致死性影响，微生物的种类和数量显著下降，微生物群落结构也发生了显著变化。Shannon 指数、Chao1指数与 Observed Species 的结果较一致，随着重金属 Pb 浓度的增加，物种数和多样性指数先增加后降低，在最高胁迫浓度下显著低于空白对照组，说明物种的多样性与重金属浓度存在一定的内在关联。然而，各个样品中的 Simpson 指数均为0.99，土壤微生物群落总体呈较高多样性，而基于 Simpson 指数，无法发现其内在差异。

表 3-1 空白对照组和 Pb 胁迫组的微生物多样性指数

项目	Pb 浓度/（mg/kg）	Observed Species	Shannon	Simpson	Chao1
CK.RM	0.00	4 186.00	8.63	0.99	18 633.78
Pb.RM.1	100.00	4 631.00	8.92	0.99	20 386.16
Pb.RM.2	200.00	5 542.00	9.04	0.99	22 216.31
Pb.RM.3	500.00	4 288.00	8.67	0.99	18 976.72
Pb.RM.4	1 000.00	3 926.00	8.52	0.99	15 659.96

3.3.3 不同处理组样本间差异性分析

本次实验样品采用主坐标分析法（Principal Coordinate Analysis，PCoA）来研究数据的相似性和差异性，PCoA 没有改变样品点之间的相互位置关系，可以直观地观察个体或群体间的差异。图 3-2B 中 PCoA 分析结果立体而直观地呈现了各个样本的分布情况，各个样本间能够有效区分，Pb 胁迫组和 3 组空白对照组差异明显；随着 Pb 浓度的增加，各样本呈现更为显著的差异性。然而 PCoA 并不能在模拟数据时进行有效的排序，因此需要一种降维的聚类分析方法，能够将数据构建在一维模拟空间内。

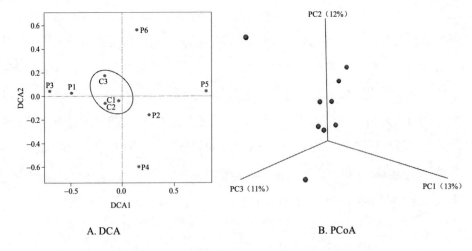

A. DCA

B. PCoA

图 3-2 对照组（C1～C3）和 Pb 胁迫组（P1～P6）的 DCA 和 PCoA 分析

如图 3-2A 所示，去趋势对应分析（Detrended Correspondence Analysis，DCA）结果所示，各个样本间的差异性可根据相对距离进行可视化分析，对照组的 3 组平行（C1、C2 和 C3）试验的样本结果相似，生物学重复具有良好的重现性。样本间差异随着 Pb 污染的引入及 Pb 浓度的增加而升高。上述结果表明，Pb 污染能够显著改变土壤微生物群落，Pb 成为主要的胁迫因子。随着胁迫浓度的提高，微生物群落开始呈现不同的差异性，高浓度组与低浓度组间差异显著。而差异性及聚类分析也从另一个角度证明，重金属 Pb 严重影响微生物群落稳定性，对土壤微生物造成较强的毒性作用。

3.3.4　Pb 对土壤中微生物种类和丰度的影响

可操作分类单元（Operational Taxonomy Unit，OTU），用于物种分类及物种相对丰度分析的基本单元。通过引入 OTU 分析，就可以研究样品中的微生物多样性以及不同微生物的丰度。如图 3-3 所示，Pb 胁迫组与对照组的维恩（Venn）图用于统计各样品中所共有和独有的 OTU 数据。Pb 胁迫组微生物群落与对照组相比呈现明显的群落组成差异，Pb 胁迫组微生物群落 OTU 共计 19 421 个，对照组 OTU 共计 5 282 个；共同的部分包括 2 258 个，共同的部分相对 Pb 胁迫组和对照组占比分别为 11.6% 和 42.7%，均小于样本 OTU 数目的 50%。更有趣的是，不同 Pb 胁迫组的微生物群落 OTU 数据也存在较大差异，共同的部分只有870 个，共同的部分所占各个实验组的比重均低于 20%。大多数共享的 OTU 属于变形菌门（Proteobacteria）和酸杆菌门（Acidobacteria）两个类别。随着重金属浓度的增加，各样本之间的 OTU 种类差异就更加显著，微生物群落发生显著变化，Pb 胁迫不仅影响微生物的数目，而且影响微生物的种类，最终导致微生物群落的变化。

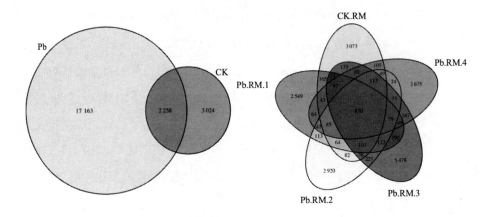

图 3-3　对照组（CK）和 Pb 胁迫组微生物 OTU 维恩图分析

3.3.5　基于特定分类单元的微生物群落分析

如图 3-4 所示，选取了"门"这一个典型分类层级的相对丰富度进行微生物群落结构分析，试验组中的微生物呈现不同的多样性。观察并鉴定到了 34 个门，主要存在的菌门是变形菌门（Proteobacteria）、拟杆菌门（Bacteroidetes）、酸杆菌门（Acidobacteria）和放线菌门（Actinobacteria）。相对于对照组，Pb 处理组中的微生物多样性随着 Pb 的引入发生了显著变化；随着土壤中 Pb 浓度的增加，微生物群落演替存在复杂的变化规律。变形菌门和拟杆菌门相对丰度先降低后增加，然而在 Pb 高浓度胁迫组中显著降低；然而酸杆菌门呈现完全相反的变化规律。优势种群的变化影响了微生物群落的稳定性，可能对微生物功能群产生独特效应。

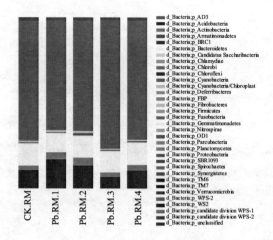

图 3-4　基于门水平分析对照组（CK）和 Pb 胁迫组微生物群落结构

在 Pb 污染条件下，浮霉菌门（Planctomycetes）、疣微菌门（Verrucomicrobia）和芽单胞菌门（Gemmatimonadetes）出现明显波动，脱铁杆菌门（Deferribacteres）和 WS2 门在 Pb 的作用下消失，而纤维杆菌门（Fibrobacteres）在 Pb 高浓度组消失。BRC1 门、Fusobacteria 门、Nitrospirae 门、OD1 门、SBR1093 门、Synergistetes 门、TM7 门和 Candidate division WPS-2 门在不同浓度胁迫组出现，这可能与特定 Pb 浓度条件下微生物功能群的代谢响应有关。事实上在各个分类层级上，对照组和 Pb 胁迫组的微生物群落均存在显著差异。不仅表现在优势种群的数量变化，也包括微生物种类的更迭，甚至有些微生物随着重金属 Pb 的引入或者随着重金属 Pb 浓度的增加消失，同时有些微生物出现。总之，Pb 污染对土壤微生物群落结构变化起到直接的干预作用。原因可能包括微生物群落中存在此消彼长的内在关联性，优势种群和原有物种的变化造成内生性的更迭；但更重要的原因是在重金属 Pb 污染胁迫下，根际微生物形成了自身响应系统，植物与根际微生物建立了特殊响应系统，用于参与重金属的钝化，抑或促进重金属的转移。

3.4　本章小结

　　本章旨在研究重金属 Pb 对土壤微生物的毒性作用以及微生物群落的响应及变化特征。首先分析了土壤酶（过氧化氢酶和脲酶）活性变化规律用以反映土壤微生物活性；研究发现，随着 Pb 污染浓度的增加，土壤酶活性与土壤微生物总量均受到重金属 Pb 的影响，且呈现相同的变化规律。其次分析土壤微生物多样性指数（Shannon 指数、Chao1 指数和 Observed Species）发现，微生物多样性指数随着重金属 Pb 的介入出现明显波动，且随 Pb 浓度的增加，呈现先升高后降低的趋势。PcoA 分析和 DCA 分析发现，Pb 胁迫组与空白对照组存在显著差异，不同的 Pb 浓度也会对土壤微生物样本造成显著影响。OTU 相似性分析发现，Pb 胁迫组微生物群落与对照组共同含有的 OTU 数仅包含 2 258 个，而 Pb 胁迫组特有的 OTU 数为 17 163 个；更重要的是，不同 Pb 胁迫组间也存在较大差异性，共同含有的 OTU 数仅为 870 个。研究微生物群落（门）物种组成以及丰度变化规律发现，Pb 胁迫首先影响了优势种群（变形菌门、拟杆菌门和酸杆菌门"放线菌门"）的数量，其次，随着重金属 Pb 的介入及 Pb 浓度的增加，物种发生更迭，导致微生物群落物种组成发生显著变化，不同处理组中的微生物群落呈现各自特有的微生物群落结构。综上可知，本研究揭示了重金属 Pb 污染下土壤微生物群落的特征及其变化规律。该研究成果为生态毒性分析以及微生物-植物体系的综合研究提供了技术支撑。

第 4 章

铅对植物的毒性作用机制研究

4.1 引言

    重金属污染物对植物造成严重的毒害作用，且与重金属种类、浓度和胁迫时间密切相关。重金属胁迫可以破坏线粒体结构，影响氧化磷酸化途径，干扰植物的呼吸作用；破坏叶绿体稳态，干扰光合磷酸化途径，抑制植物的光合作用，最终导致能量及营养代谢失衡。重金属胁迫严重破坏植物的膜系统，细胞膜透性增加，影响植物细胞物质及信息交换传递过程，此外重金属胁迫干扰了核酸代谢和氨基酸代谢等。重金属污染物还可以通过影响土壤理化性质和微生物群落结构，破坏土壤环境稳态，抑制植物种子萌发，进而影响植物的生长发育过程。面对重金属胁迫作用，植物自身具备相应的应答机制。植物激活体内抗氧化酶等清除活性氧自由基和膜脂过氧化作用，从而有效地缓解重金属胁迫所造成的氧化损伤；此外针对不同类别的重金属污染物，植物自身形成非蛋白巯基肽、植物螯合肽、谷胱甘肽和金属硫蛋白等含巯基肽类物质，这些物质参与螯合植物体内的重金属离子，从而减轻重金属对植物的毒性作用。总之，重金属污染物严重抑制植物生长发育过程，严重威胁农林业的可持续发展，因此需要阐明重金属对植物的毒性效应以及植物的响应特征。本章选取模式植物拟南芥探究重金属 Pb 对植物生理生化指标的影响，建立 Pb 胁迫与其毒性间的剂量-效应关系，探究植物抗氧化酶系统以及植物参与重金属解毒系统，从而揭示植物在 Pb 胁迫下的应答机制。

4.2 材料和方法

（1）供试培养基

配置 1/2 MS 培养基，其中大量元素 NH_4NO_3 825 mg/L、KNO_3 950 mg/L、$CaCl_2$·$2H_2O$ 220 mg/L、KH_2PO_4 85 mg/L、$MgSO_4$·$7H_2O$ 85 mg/L；微量元素 $MnSO_4$·$4H_2O$ 11.15 mg/L、$ZnSO_4$·$7H_2O$ 4.3 mg/L、H_3BO_3 3.1 mg/L、Na_2MoO_4·$2H_2O$ 0.125 mg/L、KI 0.415 mg/L、$CuSO_4$·$5H_2O$ 0.012 5 mg/L、$CoCl_2$ 0.012 5 mg/L，复合维生素 0.05 μg/mL；有机成分甘氨酸 1 mg/L、谷氨酰胺 73 mg/L、蔗糖 10 g/L、植物凝胶 3 g/L、肌醇 50 μg/mL；铁盐 $FeSO_4$·$7H_2O$ 13.9 mg/L，Na_2·EDTA 18.65 mg/L。根据预实验研究结果，以种子半数萌发率为基准；分别设置对照组培养基（Pb^{2+} 浓度 0 mmol/L）和 Pb 胁迫组培养基（Pb^{2+} 浓度 1 mmol/L 和 2 mmol/L）。

（2）萌发、鲜重和根长的测定

植物在无菌条件下生长，对种子用 1%次氯酸钠、0.03%聚乙二醇辛基苯基醚进行表面灭菌。用封口膜封好，在 4℃冰箱避光春化处理 48 h，然后在特定的培养条件下的恒温光照培养箱中培养（温度 25℃、相对湿度 60%）。以胚根突破种皮作为植物种子萌发的标志，每隔 24 h 统计一次种子萌发率，连续统计 120 h。发芽率=发芽的植株个数/处理样品的总株数，实验结果取 3 次重复的平均值。7 d 后挑选长势一致的拟南芥幼苗，将其接种于培养基，每皿接种 20 株拟南芥幼苗。随后放置于光照培养箱竖直培养，14 d 后拍照，用 Image J 软件统计根长，然后称量植物鲜重，实验独立重复 3 次。

（3）ROS 水平分析（DAB 染色和 NBT 染色）

将在营养土中种植的拟南芥培养 4～6 周，待植株生长至 7～8 叶时，选取完全展开叶片作为材料。剪下各拟南芥植株相同位置的叶片。分别检测重金属 Pb 处理下，外源施加黄酮醇以及不同基因型植株的 ROS 水平。分别将植物材料放入装有 NBT 染色液（0.5 mg/mL）和 DAB 染色液（1 mg/mL）的 EP 管中，28℃避光保存 12 h；吸走管中的染色液，再加入 80%乙醇并水浴煮沸处理（10 min 以上），至叶片绿色彻底脱除；吸出管中液体后加入无水乙醇，置于 4℃冰箱内保存一段时间后观察。NBT 染色呈现蓝色用于半定量定性检测 O_2^-；DAB 染色深棕色用于半定量定性检测 H_2O_2。

（4）酶的提取和活性分析

SOD、CAT、GPX 和 APX。准确称取 0.5 g 新鲜的拟南芥叶片样品，分别用 100 mmol/L KCl、1 mmol/L AsA、5 mmol/L β-巯基乙醇和 10%（W/V）甘油的反应混合物进行均质化处理。15 000 g、4℃离心 15 min，使上清液与植物组织充分分离，收集所得上清液，用以分析酶的活性。基于黄嘌呤-黄嘌呤氧化酶系统确定 SOD 活性。通过检测 AsA 被氧化的降低程度来确定 APX 活性。使用 H_2O_2 作为底物测量 CAT 和 GPX，并且通过 UV 分光光度计测量 OD 值。

（5）MDA 和 MTs 提取和分析

MDA 可通过与硫代巴比妥酸缩合，形成红色产物；精确称取 0.3 g 拟南芥组织样品，加入 3 mL 5%三氯乙酸，研磨成匀浆，离心取 0.5 mL 上清液，加入 0.5 mL 0.5%硫代巴比妥酸混匀，沸水浴处理 30 min，冷却后离心测定上清液在 532 nm 处的吸光度值。MTs 采用巯基法检测；空白组为 0.01 mol/L Tris-HCl 溶液，10 μL 金属硫蛋白溶液中加入 10 μL 1.2 mol/L HCl 和 200 μL 0.1 mol/L EDTA 反应 10 min 后，加入 200 μL 巯基试剂、3.59 mL 0.1 mol/L PBS，至体积为 4 mL，摇匀，3 min 后在波长 412 nm 处测定吸光。

4.3　结果与讨论

4.3.1　Pb 胁迫对种子萌发和植株发育的影响

拟南芥植株经 Pb^{2+} 胁迫处理后，随着 Pb 浓度的增加，种子萌发率明显下降。

如图 4-1 所示，相较于对照组，在高浓度 Pb（2 mmol/L）胁迫下，120 小时种子萌发率显著下降 54.63%。一方面，Pb 对于拟南芥发育呈明显的抑制作用，在高浓度组下表现出较强的致死性；另一方面，Pb 延缓了种子萌发的时间，开始萌发的时间延后了 24 h。对照组中拟南芥种子在 48 h 萌发率达到稳定，然而 Pb 胁迫组则推迟到 96 h。而且即使萌发的拟南芥也表现出出苗弱且不齐的症状。种子萌发初期评价植物的发育状况主要参考种子在萌发 48 h 后两片子叶张开数目和大小。在高浓度 Pb 胁迫下，子叶张开比例显著下降 61.32%。Pb 胁迫导致种子的子叶张开的数目明显减少，拟南芥子叶也明显变小。

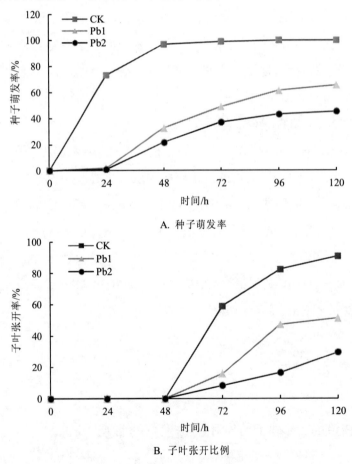

A. 种子萌发率

B. 子叶张开比例

图 4-1 对照组（CK）和 Pb 胁迫组种子萌发率和子叶张开比例

已有研究发现，重金属胁迫会诱导植物体内脱落酸（ABA）的合成。ABA 不仅是植物生长发育的重要调节物质，而且是植物抗逆的应激激素，能够有效地激活植物体内抗逆免疫系统，增强植物综合抗性的能力。前期研究发现，Pb 胁迫激活了植物体内 ABA 合成途径，产生更多 ABA 参与植物的胁迫应激反应；然而，ABA 同时也是一种较强的生长抑制剂，抑制细胞分裂和伸长，影响植物的胚、嫩枝和根等器官的正常生长，因此 Pb 胁迫下植物呈现的生长抑制性可能与 ABA 过量合成有关。

4.3.2　Pb 胁迫对拟南芥地上和地下部分的影响

拟南芥经 Pb^{2+} 胁迫处理 14 d 后，测量幼苗的根长和鲜重。相较对照组，Pb 胁迫下植物根长在所有观察点均显著降低，在 Pb 高浓度（2 mmol/L）胁迫下，拟南芥根长显著下降 52.05%，表明 Pb 胁迫对植物的根长有明显的抑制作用。已有研究表明，外源重金属进入土壤后，植物根系首先受到影响，吸收土壤中的重金属，重金属进入根细胞，最易受重金属毒性损害。然而有趣的是，在 Pb 胁迫下拟南芥侧根数目明显增加。原因可能是 Pb、黄酮醇、生长素三者之间的相互作用关系。研究表明，Pb 胁迫会激活植物体内黄酮醇的合成，黄酮醇参与植物抗逆的代谢调控，然而黄酮醇的含量及分布又影响生长素的合成与转运。因此 Pb 胁迫打破了植物原本的生长发育过程，造成了生长素合成和分布的变化，最终影响了植物根系统的生长发育过程。

如图 4-2 所示，Pb 对植物的地上部分也呈现明显的抑制作用，拟南芥鲜重显著降低，下降比例高达 51.16%。拟南芥在 Pb 胁迫下表现出特殊的毒性特征，胁迫组的植物叶片首先出现褶皱和干枯。随着胁迫浓度的增加和胁迫时间的延长，植物叶片明显变浅甚至呈现变黄的趋势，不仅证明了重金属 Pb 对植物较强的毒性作用，更说明重金属 Pb 影响植物叶绿素的含量及组成，进而影响植物的光合磷酸化途径。

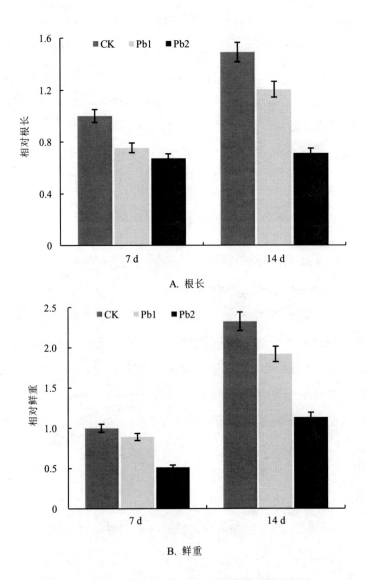

A. 根长

B. 鲜重

图 4-2 对照组（CK）和 Pb 胁迫组拟南芥根长和鲜重

4.3.3 Pb 胁迫对拟南芥 ROS 水平的影响

DAB 染色法和 NBT 染色法分别用于测定不同处理组中的过氧化氢（H_2O_2）和超氧根离子（O_2^-）的含量，用以表征植物体内的 ROS 水平。在植物正常生长状态下，ROS 含量相对较低，但是植物在遭受到生物或非生物胁迫时，植物体内 ROS 含量显著增加，对植物产生严重的氧化胁迫损伤。

如图 4-3 所示，Pb 胁迫组中，H_2O_2 和 O_2^- 的含量显著增加。随着 Pb 胁迫浓度的增加，DAB 染色和 NBT 染色逐渐加深，充分证明 Pb 胁迫导致植物体内产生更多的 ROS。一是植物的叶片和根部在 ROS 总量上表现出较一致的上升趋势；二是 Pb 胁迫影响了 ROS 在拟南芥根的累积和分布；三是 Pb 胁迫所产生的 H_2O_2 和 O_2^- 的含量和分布有所不同，这可能与抗氧化酶系统等有关。

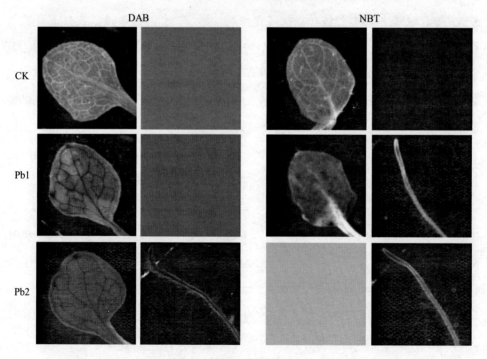

图 4-3 对照组（CK）和 Pb 胁迫组拟南芥根和叶的 DAB 染色和 NBT 染色

Pb 对植物的生理毒害作用主要是由于植物中产生了大量 ROS，引起了氧化损伤、脂质过氧化、细胞死亡进而抑制植物生长发育。Pb 胁迫产生的大量 ROS 不仅会对植物造成氧化损伤，还可以作为第二信使调节植物的内在生理和发育过程。在拟南芥中，ROS 还可以作为关键因子之一调节植物根系统的发育，因此，Pb 胁迫造成的植物体内 ROS 的显著增加是导致植株根长降低和叶片变化的主要原因。

4.3.4　Pb 胁迫下相关酶系统的响应

Pb 胁迫下，拟南芥的 SOD 和 CAT 活性随着 Pb 浓度的增加而显著提升。相较对照组，Pb 的高浓度（2 mmol/L）处理组中 SOD 活性在第 7 天和第 14 天分别提高 47.89%和 77.46%；CAT 活性在第 7 天和第 14 天分别增加 24.45%和 31.35%。SOD 与 CAT 共同参与植物体内抗氧化作用，形成一套解毒系统。SOD 是生物体内重要的抗氧化酶，是机体内的超氧自由基清除因子，可以把有害的超氧自由基（O_2^-）转化为过氧化氢（H_2O_2）；CAT 是一种酶类清除剂，可促使 H_2O_2 分解，清除体内 H_2O_2，从而使细胞免受其毒害。本研究中 Pb 胁迫诱导 SOD 和 CAT 活性显著提高，说明 Pb 胁迫所造成的植物体内产生的过量 ROS，激活了 SOD 和 CAT，参与 ROS 的清除；Pb 胁迫对 SOD 和 CAT 酶活性的增强效应却并不相同，SOD 的增幅显著高于 CAT，说明还存在过量的 H_2O_2，需要其他的代谢解毒途径的参与。

Pb 胁迫下 GPx 活性显著提高，相较对照组，高浓度组中 GPx 活性在第 7 天和第 14 天分别增加 53.85%和 59.34%。GPx 是一种重要的过氧化物分解酶，催化 GSH 反应转变为 GSSG，消除有毒过氧化物。Pb 胁迫造成的氧化损伤激活了 GPx 酶系统，将有害的过氧化物还原成羟基化合物，从而使植物膜结构和功能免受其干扰及损害，同时可以促进多余 H_2O_2 的分解。但随着胁迫时间的推移，GPx 酶活性保持在一个稳定状态，说明 GPx 的解毒作用在一定范围内的有限性。与之不同的是，APx 活性随着胁迫时间的推移，持续上升；相较对照组，在 Pb 胁迫下的第 14 天，APx 酶活性显著提高 220.75%。APx 作为植物活性氧代谢中重要的抗氧化酶，参与清除叶绿体中的 H_2O_2，又是抗坏血酸代谢的主要酶类；APx 活性的显著升高，可使超氧自由基减少，脂质过氧化作用减弱。然而 APx 活性的显著增加也从侧面反映出 Pb 胁迫对叶绿体所造成的氧化胁迫效应，与前述实验结果相一致，Pb 胁迫导致植物叶片褪绿变黄。

MDA 作为植物抗性生理研究中的重要指标，表征膜脂过氧化的程度，可以间接反映植物膜系统受损程度。如图 4-4 所示，与对照组相比，随着 Pb 胁迫浓度的提高，植物的 MDA 的含量显著增加，说明 Pb 胁迫对植物造成较强的氧化损伤的同时对膜系统影响严重，而随着 Pb 胁迫时间的延长，这种损伤变得更加明显。MTs 作为一种有效的 ROS 清除剂，参与植物的抗氧化作用，同样可以作为环境胁迫应力的生物标志物；Pb 胁迫组中 MTs 含量显著增加，激活 MTs 参与 ROS 的清除；另外，MTs 富含半胱氨酸的短肽，是一种具有高度保守性的金属结合蛋白，对多种重金属有高度的亲和性；相较对照组，MTs 在 Pb 胁迫的低浓度组和高浓度组中分别增加 23.35% 和 63.47%。MTs 还可参与螯合毒性重金属，降低其生物可利用性，以使植株免受重金属毒害作用。

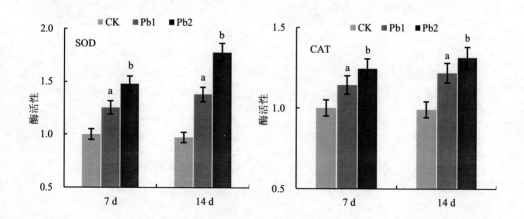

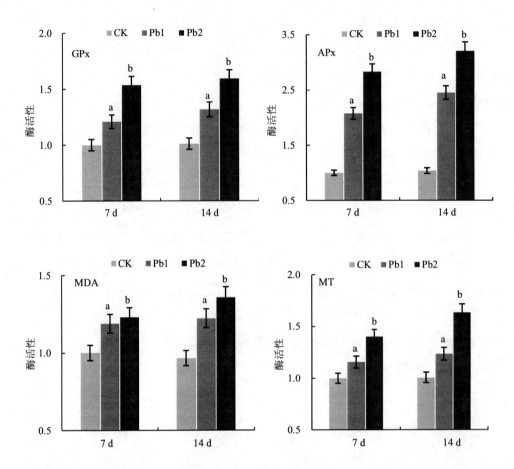

图 4-4 拟南芥酶（SOD、CAT、GPx、APx、MT、MDA）活性分析

注：字母 a、b 代表与对照组相比有显著性差异（$P<0.05$）。

4.4 本章小结

本章在预实验的基础上，设置了不同浓度梯度研究重金属 Pb 对植物的毒性作用。研究发现，Pb 胁迫对植物萌发及生长发育过程造成明显的抑制作用，且呈现一定的剂量-效应关系。Pb 胁迫下，种子萌发的时间延后 24 h，120 h 萌发率下降

54.63%，两片子叶张开数下降 61.32%。结合盆栽实验结果发现，Pb 胁迫导致植物子叶萎蔫、褪绿、枯黄，地上部分鲜重降低 51.16%，同时严重影响了植物根系统，拟南芥根长下降 52.05%，侧根数目增加。此外，Pb 胁迫导致拟南芥株高明显降低且提前抽薹，说明 Pb 胁迫对植物造成明显的毒性效应，抑制了植物的营养生长，植物转而进行生殖生长。DAB 染色法和 NBT 染色法用于定性及半定量分析植物体内的 ROS 水平。Pb 胁迫下，植物体内的 ROS 含量显著增加，且与 Pb 污染浓度呈正相关，然而过氧化氢和超氧根离子在拟南芥中的含量及分布存在一定差异，这与抗氧化酶系统有关，Pb 胁迫显著激活抗氧化酶系统等解毒系统。SOD 和 CAT 活性在第 14 天分别显著提高 77.46% 和 31.35%，协同参与消除超氧自由基和过氧化氢；GPx 和 APx 活性在第 14 天分别显著提高 59.34% 和 220.75%，GPx 参与还原过氧化物、保护植物膜系统，APx 参与消除叶绿体中的 ROS。但抗氧化酶系统消除 ROS 的能力是有限的，高浓度 Pb 胁迫对植物造成严重的氧化损伤。MDA 作为膜脂过氧化程度的指标，显著增加 35.90%；MTs 作为环境胁迫应力的标志物，显著增加 63.47%；均充分证明了这一点。此外，MTs 活性的显著增加可能与 MTs 中的巯基肽类物质参与重金属螯合有关。总之，基于模式植物拟南芥明确了重金属 Pb 对植物的毒性作用，在一定程度上揭示了 Pb 的毒性效应及其机理，该成果为深入开展重金属毒理学研究奠定了理论基础。

第 5 章

黄酮醇增强植物抗逆作用研究

5.1 引言

类黄酮是一类重要的植物次生代谢产物；黄酮醇作为类黄酮的重要存在形式，抗氧化性和还原性最强。黄酮醇是植物体内黄酮醇合成酶 FLS 的催化产物，一方面，黄酮醇可以直接参与植物生理生化过程，贯穿植物的生长发育各个阶段，如生长素运输、侧根生成、花粉育性等；另一方面，黄酮醇作为信号因子能够促进植物根部和共生菌互作，干预植物根际微生物群落。总之，黄酮醇在植物体内生长发育过程中意义重大，而且植物在干旱、高盐、紫外线等非生物胁迫条件下还会诱导黄酮醇合成途径的基因显著上调，使植物体内黄酮醇合成量增加。植物在外界环境胁迫因子诱导下产生过量活性氧，对植物造成严重的氧化损伤。黄酮醇作为抗氧化剂及原氧化剂能够淬灭活性氧，消除和减轻氧化伤害，黄酮醇在植物抵抗外界环境胁迫中具有重要作用。因此，黄酮醇对于保障植物的正常生长状态以及植物抗逆过程具有不可替代的作用。深入研究黄酮醇在重金属胁迫下参与植物抗逆的机理，有助于突破土壤生态系统修复过程中的技术"瓶颈"。前述研究发现 Pb 胁迫会显著抑制植物生长发育，对植物造成严重的氧化损伤。本章设置 CK 对照组（灭菌水）、Pb 胁迫组（2 mmol/L Pb^{2+}）和 Fla 处理组（2 mmol/L Pb^{2+} 和

10 μmol/L 槲皮素），定期等体积喷洒对应溶液。首先通过外源施加黄酮醇实验，明确黄酮醇的植物抗 Pb 效应；基于 *FLS1* 基因构建 OE（*FLS1* 过表达）株系和 *fls1-3*（*FLS1* 突变体）株系，探究内源基因改良植株对 Pb 胁迫的应答，揭示黄酮醇参与植物抗逆过程的作用机制。

5.2　材料和方法

（1）叶绿素含量测定

取新鲜叶片，去除粗大叶脉，剪成碎块，称取 0.1 g 样品放入研钵中，加少量 80%丙酮、石英砂、碳酸钙，研磨成匀浆，将匀浆转入离心管，80%丙酮洗涤研钵后转入离心管，定容至 10 mL。离心并在室温下于暗处浸提，取浸提液。在叶绿素 a 和叶绿素 b 的吸收光谱曲线中，叶绿素 a 的最大吸收峰为 663 nm，叶绿素 b 的最大吸收峰为 645 nm；叶绿素 a 和叶绿素 b 在 D652 nm 吸收峰相交。使用分光光度计比色法，测定 663 nm、645 nm、652 nm 波长处的吸光值，用 80%的丙酮作为参比，计算叶绿素 a、叶绿素 b 以及叶绿素总量。

（2）DPBA 染色

黄酮醇的半定量-定性检测采用 DPBA 染色法。培养 14 日龄的拟南芥幼苗，在含有 0.02%（*V/V*）Triton X-100 的 0.25%（*W/V*）DPBA 溶液中孵育 15 min，然后在蒸馏水中洗涤 5 min。使用 Leica SP5 激光共聚焦扫描显微镜，GFP 激发光（488/514 nm）和 YFP 激发光（543 nm）分别可视化测定山奈酚和槲皮素。

（3）实时定量 PCR

从生长在 1/2 MS 培养基中分离 14 日龄幼苗，使用 Promega RNA 提取试剂盒，提取 RNA 并测定其浓度。使用 Bio-Rad iScript 试剂盒在 10 μL 反应系统中，500 ng 总 RNA 合成 cDNA，并用作实时定量 PCR 扩增的模板；设计一组引物以产生约 200 bp 的特异性片段。Actin 使用 *EF-1α*、*UBQ10* 和 *GAPDH* 作为参照基因以使表达量均一化。使用 Bio-Rad 公司 7500 型实时定量 PCR 仪进行特异性基因检测与定量分析。利用 PCR 热循环以及荧光检测，动态观察 PCR 循环中扩增产物的情况，时长 1.5 h，每组实验进行三组生物学重复和三组技术重复。本研究所用引物详情见表 5-1。

表 5-1 引物及序列

引物名称	5′-3′Sequences（F/R）
Elongation factor（*EF-1α*）	F-TGAGCACGCTCTTCTTGCTTTCA
	R-GGTGGTGGCATCCATCTTGTTACA
Ubiquitin 10（UBQ10）	F-GGCCTTGTATAATCCCTGATGAATAAG
	R-AAAGAGATAACAGGAACGGAAACATAGT
Glyceraldehyde 3-phosphate dehydrogenase（GAPDH）	F-TTGGTGACAACAGGTCAAGCA
	R-AAACTTGTCGCTCAATGCAATC
Flavonol Synthase 1（FLS1）	F-CAGAGGTTGAGTAATGGGAGGT
	R-GCTTGCGGTAACTGTAATCCTTG
Chalcone Synthase（TT4）	F-CATGACCGACCTCAAGGAGAAG
	R-CGATGTCCTGTCTGGTGTCC
Chalcone Isomerase（TT5）	F-CGTTTGTACCGTCCGTCAAGTC
	R-CTCCGTAGTTTTTCCCTTCCACT
Flavanone 3-hydroxylase（TT6）	F-ATCGTCTAGTCACCTCCAG
	R-TCCTCCGTCACTTTCACCCA
Flavonol 3-hydroxylase（TT7）	F-ACAGGAAGAGGTTGGAACGC
	R-AGCCATCATTTCCGTCACCA

5.3 结果与讨论

5.3.1 外源施加及内源过表达黄酮醇的表型分析

如图 5-1 所示，Pb 胁迫对拟南芥产生了明显的毒性效应，拟南芥子叶褪绿萎蔫，甚至枯黄，抽薹提前且株高明显降低，开花率和果实量显著下降。与之前研究结果一致,Pb 胁迫对植物产生严重的氧化损伤,不仅影响了拟南芥的生长发育过程,而且严重影响了叶绿素的含量和组成,同时干扰了氧化磷酸化和光合磷酸化途径,直接造成了植物营养代谢过程的紊乱。而植物在 Pb 胁迫下停止营养生长、转为生殖生长,提前抽薹开花,也是自我适应环境胁迫应力的一种表现。比较 3 种基因型拟南芥发现,在空白对照组,Col 野生型、OE 过表达和 *fls1-3* 突变体植物生长状态并没有差异,长势良好。而在 Pb 胁迫组中,*fls1-3* 植株表现出明显的毒性效应,而与之相反,OE 植株表现出较好的抗逆效果;相较 Col,OE 植株叶片受损面积较少,褶皱不明显,叶片变黄程度较低,包括株高、开花率和果实等地上生物量都有一定程度的恢复。

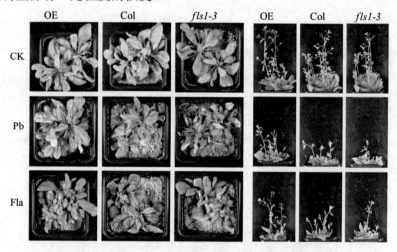

图 5-1　OE、Col 和 *fls1-3* 拟南芥在不同处理组的生长状态

外源施加黄酮醇同样可以达到一定的缓解效果,增强植物抗逆性,但与 OE 组的状况并不一致。原因可能是植物体内黄酮醇的合成和转运受外界环境胁迫压力的调控而呈现高度同步性,受到植物体外和体内相应信号的双重调控;而外源施加不能达到相应的效果也可能与黄酮醇的运输有关。研究还发现 Pb 胁迫下的 OE 植株额外施加黄酮醇并不能产生更好的抗逆作用。一方面是黄酮醇并不能无限制地增强植物的抗逆性,这种抗逆性是有一定范围的;另一方面黄酮醇参与植物生长发育的各个环节，Pb 胁迫打破了植物体内原有的平衡，过多地产生黄酮醇会影响植物正常的生长发育活动，如过多施加黄酮醇会造成植物侧根增加、抽薹延迟、开花时间晚等情况。

5.3.2 不同基因型拟南芥的叶绿素变化规律

由图 5-2 可知，Pb 胁迫对 Col、*fls1-3* 和 OE 的叶绿素含量均有不同程度的抑制作用，而叶绿素（Chlorophyll）是植物参与光合作用的最重要的色素。这与图 5-1 中的拟南芥状态相一致，植物叶片在 Pb 胁迫下褪绿变黄。Pb 不仅影响了叶绿素的总量，而且影响了叶绿素的组成比例，叶绿素主要包含叶绿素 a（Chl a）和叶绿素 b（Chl b），Chl a 和 Chl b 均可以吸收光能，但以 Chl a 为主。Pb 胁迫对 *fls1-3* 植株的抑制作用最为明显，Chl a 和 Chl b 较空白对照组分别下降 54.40%和 61.22%。然而 Pb 胁迫下，OE 植株呈现一定的抗性作用，与 Col 植株相比，OE 组的 Chl a 和 Chl b 分别提高 14.61%和 18.75%。

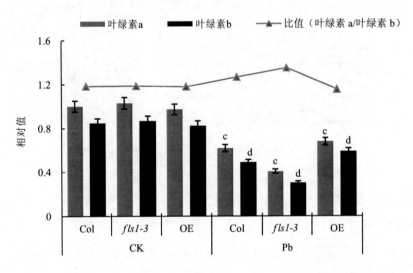

图 5-2 对照组（CK）和 Pb 胁迫组中 OE、Col 和 *fls1-3* 叶绿素含量和比值

注：字母 c、d 代表与对照组相比有显著性差异（$P<0.05$）。

　　Chl a 和 Chl b 的比值能在一定程度上反映植物对光能的利用效率，该比值在植物中保持一个较为稳定的范围，可以作为评价植物内生稳态和正常生理功能的标准。在空白对照组中 Col、*fls1-3* 和 OE 叶绿素 a、叶绿素 b 比值保持为 2.5～2.7，且较为稳定，而在 Pb 胁迫下，叶绿素 a、叶绿素 b 比值明显升高，*fls1-3* 植株的叶绿素 a、叶绿素 b 比值增加 17.60%。一方面，说明 Pb 胁迫对 Chl b 的抑制强度高于 Chl a；另一方面，Pb 胁迫影响了叶绿素合成及分配，进而干扰了植物光合磷酸化过程，抑制了植物的营养生长。Pb 胁迫造成的叶绿体内活性氧的积累可能直接引发叶绿素破坏，导致叶绿素含量下降及叶绿素 a、叶绿素 b 比值变化。

5.3.3　不同基因型拟南芥的 ROS 变化规律

　　上述研究发现 Pb 胁迫会造成植物产生大量活性氧，对植物造成严重的氧化损伤，抑制植物的生长发育过程。研究表明黄酮醇能够增强植物的抗逆作用，主要原因在于黄酮醇激活抗氧化系统，清除氧自由基。结合图 4-3 和图 5-3 不难发现，Pb 胁迫对于不同活性氧的富集存在一定的差异，不仅是活性氧含量的差异，还包括活性氧分布位置的差异。DAB 染色结果说明 H_2O_2 在拟南芥根部积累更加显著，NBT 染色结果则证明 O_2^- 在植物叶片处积累明显。而内源增加黄酮醇含量参与 ROS 的淬灭则使这种分布规律变得更加复杂。

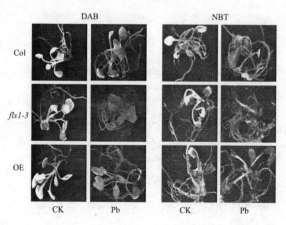

图 5-3　对照组（CK）和 Pb 胁迫组中 OE、Col 和 *fls1-3* 的 DAB 染色和 NBT 染色

如图 5-3 所示，DAB 染色和 NBT 染色方法用于分析 Col、*fls1-3* 和 OE 3 种基因型植物在 Pb 胁迫下的 ROS 差异。与对照组相比，Pb 胁迫下 Col、*fls1-3* 和 OE 植株的 DAB 染色和 NBT 染色均有不同程度的加深，*fls1-3* 植株 NBT 染色的颜色最深，深蓝色斑点的量最多，DAB 染色中棕色聚合产物显著增加，说明 Pb 胁迫下 *fls1-3* 产生了更多的 ROS，进而产生更为严重的毒性效应。相较 Col 植株，OE 植株的 DAB 和 NBT 染色后的颜色均明显变浅，Pb 胁迫幼苗中 ROS 的累积显著减少，说明过表达产生的黄酮醇参与 ROS 的降解，缓解 Pb 的毒性作用，提高植物对 Pb 诱导的氧化胁迫的耐受性。黄酮醇在植物参与抗逆中起着重要作用，外源黄酮醇可以在一定程度上实现植物中的积累，并迁移到目标位点，增强植物抗逆性，参与 ROS 的清除。然而，外源施加黄酮醇并不能实现在植物器官中的合理分配，而利用基因改良内源增加黄酮醇含量，植物可以根据外界特殊的胁迫环境，有序地进行相关代谢调控。已有研究表明，黄酮醇可直接作为抗氧化剂，有效保护细胞免受氧化损伤和二次损伤。

5.3.4 不同基因型拟南芥的黄酮醇含量差异分析

如图 5-4 所示，本研究应用 DPBA 染色来定性和半定量分析了 Col、*fls1-3* 和 OE 3 种基因型拟南芥在不同处理组中的黄酮醇的含量。研究发现，*fls1-3* 植株由于缺失了 *FLS1* 黄酮醇合成酶基因，导致无法合成黄酮醇，无论在空白对照组还是 Pb 胁迫组，植物体内几乎没有黄酮醇的产生。在空白对照组中，相较 Col 野生型植株，OE 过表达植株 DPBA 染色变深，说明两种黄酮醇 [山奈酚（K）和槲皮素（Q）] 含量均有所增加，但增加量并不明显。而在 Pb 胁迫下，Col 和 OE 植株中的山奈酚和槲皮素含量均明显增加，尤其是 OE 植株中黄酮醇增加量更为显著，而且山奈酚和槲皮素分布也有所变化。相较于空白组中的 OE 植株，Pb 胁迫组中 OE 植株根尖部分出现了大量的黄酮醇累积，这部分额外累积产生的黄酮醇可能主要参与植物抗逆的相关代谢活动。然而，黄酮醇—脱落酸—生长素间的相互作用关系是调控植物根系发育过程的关键，这种 Pb 胁迫下的黄酮醇额外富集以及分布上的变化，可能是造成植物根系统特异性的重要原因。研究还发现，Pb 胁迫下 Col 和 OE 植株中的山柰酚和槲皮素的增加量存在差异，槲皮素的累积更明显：一方面，说明槲皮素可能在植物抗逆中起到更加关键的作用；另一方面，说明山柰酚和槲皮素在参与 Pb 胁迫下植物抗逆过程中存在功能上的差异。

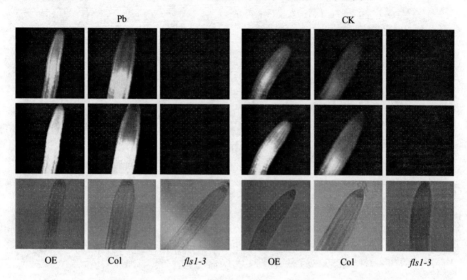

图 5-4　对照组（CK）和 Pb 胁迫组中 OE、Col 和 *fls1-3* 的 DPBA 染色

5.3.5　拟南芥黄酮醇合成相关基因表达量分析

如图 5-5 所示，在 Pb 胁迫下，Col、*fls1-3* 和 OE 株系的黄酮醇合成途径中的相关合成酶基因的相对表达量均出现明显上调。*TT7* 基因表达量的增幅最为明显，这更加充分地说明，相较山柰酚，Pb 胁迫诱导植物合成更多的槲皮素，与图 5-4 所示山柰酚和槲皮素含量变化规律相一致。*fls1-3* 株系中的 *FLS1* 表达量趋近于零，不能合成黄酮醇。在空白对照组中，相较于 Col 植株，OE 中的 TT4 查尔酮合成酶、TT5 查尔酮异构酶、TT6 黄烷酮 3-羟化酶、TT7 黄烷酮 3'-羟化酶和 FLS1 黄酮醇合成酶均有所提高，但增幅并不明显；这与图 5-4 中所示，OE 株系黄酮醇增加量不显著的结果一致。

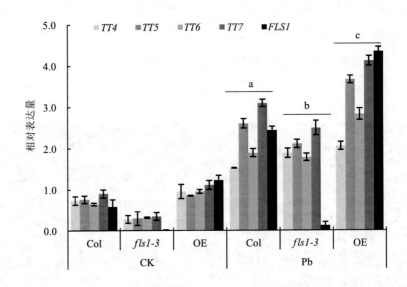

图 5-5 对照组（CK）和 Pb 胁迫组 OE、Col 和 *fls1-3* 黄酮醇合成相关基因表达量

　　fls1-3 株系由于缺失 *FLS1* 基因导致黄酮醇合成通路中相关酶基因均有所下调，但有趣的是，在 Pb 胁迫下，*fls1-3* 株系虽然无法产生黄酮醇，但与 Col 和 OE 株系呈现出相似的规律，*TT4*、*TT5*、*TT6* 和 *TT7* 基因均有所上调，这说明 Pb 胁迫主动激活黄酮醇合成而不是被动地二次调节，黄酮醇直接参与 Pb 胁迫过程中的植物抗逆作用。相比于空白对照组，Pb 胁迫下 Col 株系的 *TT4*、*TT5*、*TT6*、*TT7* 和 *FLS1* 基因分别上调 106.65%、241.22%、190.41%、241.72%和 310.35%。与之相对应，OE 株系的 *TT4*、*TT5*、*TT6*、*TT7* 和 *FLS1* 基因在 Col 株系已上调的基础上，显著提高 35.01%、40.78%、49.55%、33.14%和 78.58%。不同的是，在 Col 株系，*TT5* 和 *TT7* 的表达量高于 *FLS1* 基因表达量，而 OE 株系 *FLS1* 上调最为显著且超越 *TT5* 和 *TT7*，说明 *FLS1* 不仅是黄酮醇的最终合成酶，也是限制黄酮醇含量的关键酶。

5.4　本章小结

　　本章旨在研究黄酮醇能否增强植物在 Pb 胁迫下的抗逆性并分析其抗逆效应。通过外源施加黄酮醇实验研究发现，相较 Pb 胁迫组，施加黄酮醇后，植物生长发育状态（株高、生物量、开花率）显著改善；基于 *FLS1* 构建基因改良拟南芥植株［OE（*FLS1* 过表达）和 *fls1-3*（*FLS1* 突变体）］，Pb 胁迫对 *fls1-3* 株系的毒性效应更加明显，而 OE 株系则表现出较强的抗逆性，植株长势良好，且叶片未出现明显褪绿现象。进一步研究拟南芥叶片叶绿体含量及组成发现，*fls1-3* 的叶绿素 a 和叶绿素 b 含量均显著减少，而叶绿素 a 和叶绿素 b 的含量及组成比例在 OE 株系中更为稳定，这是保障植物正常进行光合作用和能量代谢的关键。ROS 检测结果表明，*fls1-3* 株系在 Pb 胁迫下会产生更多的 ROS，而 OE 组株系的 DAB 和 NBT 着色明显变浅，ROS 积累显著减少，Pb 胁迫对 *fls1-3* 造成更为严重的氧化胁迫，而 OE 株系则呈现更强的抗逆性；应用 DPBA 法对黄酮醇含量进行定性及半定量分析发现，在对照组中，OE 株系并未产生过量的黄酮醇积累，然而随着 Pb 胁迫的介入，Col 和 OE 株系中的黄酮醇含量有所提高，而 OE 株系的增加量尤为明显，这与黄酮醇合成通路中相关酶基因的表达量结果一致。Pb 胁迫下，Col 和 OE 株系相关合成酶基因（*TT4*、*TT5*、*TT6*、*TT7* 和 *FLS1*）表达量均显著提高，而 *fls1-3* 由于缺少黄酮醇合成酶 *FLS1* 基因，导致无法合成黄酮醇。总之，内源及外源增加黄酮醇能缓解重金属 Pb 的胁迫效应，增强植物抗逆性。该成果对于更好地实现土壤原位修复具有重要的现实意义。

第 6 章

黄酮醇合成酶基因定位及功能研究

6.1 引言

FLS（Flavonol Synthase，黄酮醇合成酶）是 2-酮戊二酸依赖型的双加氧酶家族，催化二氢黄酮结构中 C3 位羟基化，从而形成各类黄酮醇。拟南芥的基因组含有 5 个与 *AtFLS1* 高度相似的序列，这是一种先前表征的黄酮醇合成酶基因，在黄酮类代谢中起着重要作用，这种明显的基因冗余表明拟南芥可能使用具有不同底物特异性的多种 *FLS* 合成酶，介导不同类型黄酮醇（槲皮素和山奈酚）的合成。然而，6 种 *AtFLS* 序列的生物化学和遗传学分析表明，其中 *FLS1* 的活性最高，*FLS2* 活性较低，*FLS3* 活性极低，其他 4 个没有生物活性。只有 *AtFLS1* 编码具有催化能力的蛋白质，且只有 *AtFLS1* 对拟南芥中的黄酮醇合成有贡献，*AtFLS1* 也是该组中唯一影响非胁迫条件下幼苗的黄酮类水平和根向重力反应的成员。总之，*FLS1* 是拟南芥合成黄酮醇的最终也是最重要的一环，因此探究 *FLS1* 基因在植物抗逆过程中作用，是揭示黄酮醇参与植物抗逆调控机制的关键。本章构建了 *FLS1：GUS* 株系和 *FLS1-GFP* 株系，探究 *FLS1* 基因在植物中的信号定位以及 Pb 胁迫下的强度变化规律；构建 *FLS1：FLS1-GFP* 株系、*nes-FLS1-GFP* 株系和 *NES-FLS1-GFP* 株系，揭示 *FLS1* 入核表达对黄酮醇合成的影响，阐明 *FLS1* 入核表达在植物抗 Pb 过程中的作用。

6.2　材料和方法

（1）供试植物构建

构建 *FLS1* 互补载体。克隆含有 1 700 bp 启动子和 350 bp 编码序列的 *FLS1* 基因。PCR 扩增使用引物 5′-AATTTCTACTGAATTCGACAGAG-3′和 5-TAATAGCG AATGTGTCGGTTTG-3′。将得到的片段（*FLS1：FLS1*）克隆到 pGEM-T easy（Promega）载体用于测序。构建带有 GFP 标签的定位载体。通过 PCR 将带有 BamH1 酶切位点侧翼序列加入 *FLS1* 的 ATG 的 3′（N-末端），构建 *FLS1：FLS1-GFP* 载体。融合载体通过 Not I 最终被克隆到 pART27 载体，转化拟南芥。构建 *FLS1：NES-FLS1-GFP* 载体；通过 PCR 将 *NES* 序列（AACGAGCTTGCTCTTAAGTTGGCT GGACTTGATATTAACAAG）加入 GFP 序列的 5′末端。将得到的片段通过 Not I 克隆至 pART27 并转化拟南芥。

（2）GUS 染色

GUS 洗液（1 mmol/L）配方：0.1 mol/L pH=7.0 PBS、2 mmol/L 亚铁氰化钾、10 mmol/L EDTA、2 mmol/L 六氰合铁酸，5 mg X-Glus（5 mg 加 100 μL DMSO 助溶）加入 5 mL 洗液里即成 GUS 染色液。

配 5 mL 染色液，4℃保藏。选取 10 日龄拟南芥幼苗进行试验，染色前用预冷的 90%丙酮在 4℃下固定 20 min，可防止 GUS 信号的扩散；洗去丙酮后加 GUS 染色液，抽真空 15 min。37℃放置，每隔 2 小时观察一次，确认染色状况；吸出染色液，加入 1 mL 70%乙醇溶液，停止染色反应及脱色，脱色完全后载玻片上加适量透明液，用镊子取出幼苗在透明液中铺平，显微镜拍照观察。不仅可以确认外源基因在特定位置的表达情况，而且可根据染色深浅半定量反映 GUS 活性。

（3）黄酮醇定量测定

拟南芥以垂直方向培养，取出 100 个完整的幼苗并在液氮中冻干以测定干重。采用固液萃取法（80%甲醇）过夜提取拟南芥中的黄酮醇。实验在 Bruker maxis

高分辨四极杆-飞行时间质谱仪上进行。使用 BEH C$_{18}$HPLC 柱（1.7 μm、2.1×100 mm、配有 2×2 mm 保护柱），溶剂 A [H$_2$O、0.1%（V/V）HCOOH] 和溶剂 B [CH$_3$CN、0.1%（V/V）HCOOH]。质谱采用全扫描模式，质荷比（m/z）扫描 50～2 000，每秒扫描两次。黄酮醇通过 HPLC-ESI-MS 检测，根据色谱出峰时间及色谱峰面积进行定性、定量分析。黄酮醇相对含量以其对应的色谱峰面积表示，所有峰面积的总和代表黄酮醇的相对总量，除以用于提取的拟南芥材料的干重，比较分析不同植株的黄酮醇含量差异。

（4）AOX（交替氧化酶）测定

取 0.2 g 植物样品，加入 1 mL 蛋白提取液（400 mmol/L 蔗糖、50 mmol/L HEPES-KOH、20 mmol/L NaCl、2 mmol/L EDTA、2 mmol/L MgCl$_2$、1% β-巯基乙醇，pH 7.8）研磨加入 PVPP 充分振荡，12 000 g、4℃离心 10 min，上清液为蛋白样品；加入适量考马斯亮蓝，95℃加热 5 min，适量蛋白样品，12 000 g、室温离心 2 min，12.5% SDS-PAGE 凝胶点样，20 mA 电泳 1 h；电泳结束后，将其转至 PVDF 膜（冰浴电泳转移 1 h），TTBS 缓冲液冲洗，5%脱脂奶粉封闭过夜；洗涤液漂洗，加一抗，4℃孵育过夜；洗涤后结合二抗，室温慢摇 1 h，洗涤 3 次；最后采用化学发光法，压片并显影成像。

6.3 结果与讨论

6.3.1 *FLS1* 基因的 GUS 信号定位及分析

FLS1：GUS 的幼苗被用来定性及半定量分析 *FLS1* 基因表达量及信号定位。在 Col 株系染色后未能检测到 *FLS1* 的信号，作为背景参照。在 *FLS1：GUS* 株系中检测到了 *FLS1* 的表达，*FLS1* 在拟南芥幼苗中不是均匀分布的，在拟南芥不同的生长发育期及不同的植物器官中的信号定位和表达量均有所不同。如图 6-1 所示，与空白对照组相比，在 Pb 胁迫下，拟南芥幼苗的地上和地下部分的 *FLS1* 表

达量均明显提高，在一定浓度范围内，随着 Pb 浓度的增加而提高，这与实时定量 PCR 结果（图 5-5）及黄酮醇含量分析结果（图 5-4）一致。

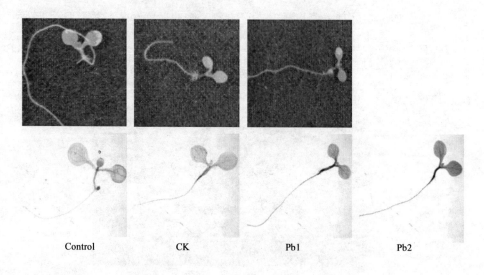

图 6-1　对照组（CK）和 Pb 胁迫组 *FLS1：GUS* 的信号分布

有趣的是，研究还发现 *FLS1* 在叶片及根尖处颜色明显加深，表达量显著提高，说明黄酮醇参与植物抗逆过程中存在一定的分布规律，这种分布特征是在黄酮醇合成过程中已经决定的，不是合成黄酮醇之后调控转运造成的，这可能与黄酮醇在植物体内不易运输有关。叶片处黄酮醇的大量富集，一方面是因为黄酮醇参与调控抗氧化酶系统，清除过量 ROS 对植物的氧化损伤；另一方面可能与 ABA（脱落酸）及 JA（茉莉酸）等信号传导物质一起调控叶片气孔状态，以保证稳定的光合作用效率。黄酮醇在拟南芥根尖处的富集可能与植物根部参与重金属 Pb 的固定及转运有关。

6.3.2　*FLS1* 基因在拟南芥中的 GFP 信号定位

FLS1 启动子下用 *FLS1-GFP* 回补 *fls1-3* 突变体，构建 *FLS1：FLS1-GFP-fls1-3* 来监测 *FLS1* 在拟南芥中的信号定位。*FLS1-GFP* 在 *FLS1* 启动子的控制下，拟南

芥幼苗的地上和地下部分均诱导强荧光，信号遍布植物各个部分，甚至在叶原基和表皮毛中也有较强的 GFP 信号。*FLS1* 基因在根尖的根冠、分生区和伸长区均有所分布，但分生区信号强度较高；已有研究表明黄酮醇及其糖基化过程与根系统的生长发育密切相关。不难发现，*FLS1* 基因的信号分布和强度在植物中并不相同，主要是因为黄酮醇的分布参与植物的生长调控，在植物的不同发育时期，黄酮醇的积累和分布也有所变化。

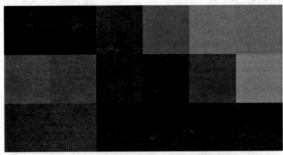

A. *FLS1-GFP* 株系叶和芽信号分布

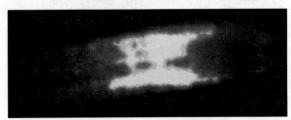

B. *FLS1-GFP* 株系根尖信号分布

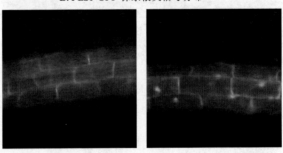

C. *NES-FLS1-GFP* 株系信号分布　　D. *nes-FLS1-GFP* 株系信号分布

图 6-2　*FLS1：GFP* 在拟南芥中的信号定位

利用一种含有 N 末端核排斥信号肽（*NES*）的 *NES-FLS1-GFP* 及其突变体（*nes*）*nes-FLS1-GFP* 株系来鉴定 *FLS1* 基因的入核表达。研究发现，*FLS1* 在 *nes-FLS1-GFP* 株系中能够清楚地发现 FLS1 在细胞核中荧光信号，而在 *NES-FLS1-GFP* 株系仅能发现 *FLS1* 在细胞质和细胞膜上的 GFP 信号，这不仅说明 *FLS1* 基因能够入核表达，而且也说明 *FLS1* 在细胞核，细胞质及细胞膜中产生相应的黄酮醇可能行使不同的功能，而这种基因表达上的差异性可能直接影响到黄酮醇的富集量，山奈酚和槲皮素的含量差异及分布差异，进而影响植物的抗逆过程。

6.3.3　*FLS1* 基因入核表达对黄酮醇含量的影响

如图 6-3 所示，利用 HPLC 检测 Col、*fls1-3*、GFP（*FLS1-GFP*）、*NES*（*NES-FLS1-GFP*）和 *nes*（*nes-FLS1-GFP*）在不同处理组中的槲皮素与山奈酚的含量。*fls1-3* 植株由于缺失 *FLS1* 合成酶基因导致无法产生黄酮醇。在空白对照组中，相较 Col 植株，*GFP*、*nes* 和 *NES* 株系是基于 *fls1-3* 导入 *FLS1*：*FLS1-GFP*，虽然在一定程度上实现了功能的回补，然而这种基因改造依旧会打破植物内在稳态，导致植物体内的槲皮素与山奈酚的含量存在一定的差别；尤其是 *NES* 株系由于干扰了 *FLS1* 入核表达导致槲皮素与山奈酚的含量变化，然而差异并不显著。

前述研究发现，相较空白对照组，Pb 胁迫会诱导 *FLS1* 基因表达量显著上调，黄酮醇含量增加。然而 DPBA 结果表明（图 5-4）槲皮素与山奈酚增加量有所不同。与之相一致，图 6-3 中，在 Pb 胁迫下，*GFP*、*nes* 和 *NES* 株系中的槲皮素与山奈酚的含量均增加，山奈酚的增加量并不显著，而槲皮素增长却非常明显，说明槲皮素在植物抗逆过程中可能扮演更为重要的角色。*FLS1* 不仅能够在细胞质和细胞膜表达，而且能够入核表达，Col、*GFP* 和 *nes* 均能在细胞各个部分正常表达，各株系的槲皮素与山奈酚含量较为一致，然而 *NES* 株系在 Pb 胁迫下表现出显著性差异，黄酮醇的增加量明显低于其他株系，说明 *FLS1* 基因的入核表达所产生的黄酮醇可能是参与植物抗逆作用的关键。

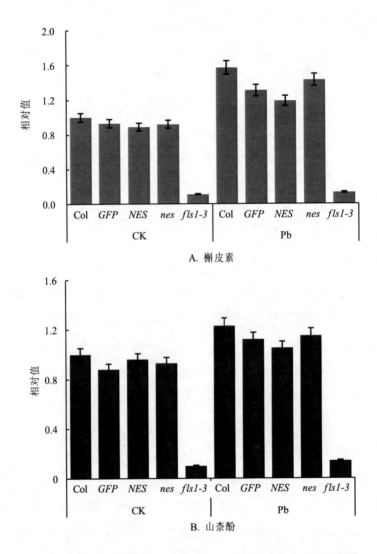

图 6-3　Col、*GFP*、*NES*、*nes* 和 *fls1-3* 中槲皮素与山奈酚的含量

6.3.4　*FLS1* 基因入核表达对植物抗逆的影响

如图 6-4 所示，在空白对照组中，Col、OE、*nes* 和 *NES* 4 个株系的拟南芥均呈现正常的生长发育过程，植物各部分状态良好。较低浓度 Pb 胁迫对 Col、OE、 *nes* 和 *NES* 产生一定的毒性效应，与拟南芥盆栽实验结果一致，叶片逐渐出现萎蔫，甚至褪绿变黄，主根根长变短变细，侧根增加。相较 Col 株系，OE 株系表现出更好的生长状态，再次证明 *FLS1* 的过表达株系能够增强植物的抗逆性。*nes* 株系与 Col 株系表现出相似的生长状态，说明基于 *fls1-3* 植株的 *nes-FLS1-GFP* 回补能够实现黄酮醇在植物体内的正常合成和分布，保证植物的正常生长发育及相应的植物抗逆功能。有趣的是，研究发现，*NES* 株系的植物在 Pb 胁迫下表现出较强的毒性效应，种子萌发率降低，根系统损伤严重，叶片弱小，植物长势较差，这充分说明 *FLS1* 入核表达对于植物抗 Pb 胁迫过程至关重要。

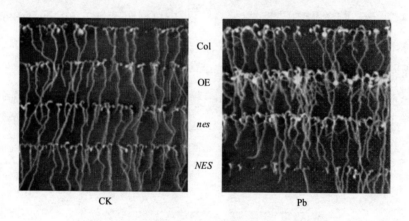

图 6-4　对照组（CK）和 Pb 胁迫组中 Col、OE、*NES* 和 *nes* 的生长状态

　　按照此前的研究推断，细胞膜黄酮醇的积累可能参与消除 Pb 胁迫造成的膜脂过氧化损伤，细胞质的黄酮醇积累可能主要集中于线粒体和叶绿体等细胞器中，参与线粒体上的光合磷酸化途径消除多余 ROS，缓解 Pb 造成的氧化损伤；同时激活 APx 酶，清除叶绿体内多余 ROS，保证光合磷酸化途径的正常运转。然而，阻断 *FLS1* 进入细胞核表达，严重影响了植物在 Pb 胁迫下的抗逆效果，说明细胞质及细胞膜合成的黄酮醇行使次要或者辅助性的工作，而核黄酮醇的积累才是增强植物抗性的关键，那么黄酮醇在细胞内的转运及其调控过程就显得更为重要，这有待进一步深入探究。研究还发现 Pb 胁迫下，OE、Col 和 *nes* 植株侧根增加，

与之相反，*NES* 植株侧根减少，这说明核黄酮醇参与植物根系生长发育过程，而这一过程可能与生长素（IAA）的合成和转运有关。

6.3.5 不同基因型拟南芥的 AOX 响应分析

AOX 是植物线粒体内膜上呼吸链中抗氰呼吸途径的末端氧化酶；AOX 不仅具有双铁羧基蛋白共有的结构特点以及去除分子氧的功能，更重要的是 AOX 还可以通过改变自身结构等方式来主动调节抗氰呼吸途径，进而调节细胞代谢和功能，以适应环境条件的改变，增强植物适应各种逆境的能力，调节植物生长速率。如图 6-5 所示，参考 CBB 染色结果，利用蛋白免疫印迹杂交（Western Blotting）分析 AOX 水平，进而评估 Pb 胁迫对 *fls1-3*、OE、*nes* 和 *NES* 4 个株系的拟南芥的氧化损伤。作为植物线粒体电子传递链的末端氧化酶，AOX 可通过维持植物的代谢稳态来调节电子传递过程；作为植物面临非生物胁迫的第一道防御屏障，AOX 是植物应激（干旱、盐度、寒冷和重金属）反应的功能标记和参考指标。

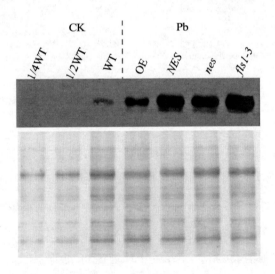

图 6-5 Pb 胁迫下 OE、*NES*、*nes* 和 *fls1-3* 的 AOX 蛋白水平

上样量参考 CBB staining（考马斯亮蓝染色）

Pb 胁迫下，AOX 蛋白含量变化呈现良好的剂量-效应关系。在正常情况下，AOX 蛋白表达量较低，几乎无法检测到其条带，而在较强的环境胁迫下会激活 AOX，蛋白条带加粗，颜色变深。在 Pb 胁迫下会造成 *fls1-3* 株系产生更多 ROS，AOX 蛋白表达量显著增加；与之相反，OE 株系拟南芥 AOX 蛋白量明显低于其他株系，充分证明 *FLS1* 过表达产生的黄酮醇积累能够显著增强植物的抗逆作用。*nes* 株系中 AOX 蛋白量显著低于 *NES* 株系，说明在 Pb 胁迫下，相较 *NES* 株系，*nes* 株系呈现较轻的氧化胁迫损伤，结合图 6-4 中拟南芥表型实验，更加充分地证明了，黄酮醇合成酶基因 *FLS1* 入核表达在植物抗逆过程中尤为重要。有趣的是，相对 *fls1-3* 株系，*NES* 株系植物的氧化损伤同样有所降低，说明细胞膜及细胞质上的黄酮醇在植物抗逆中也具有重要作用。更重要的是 AOX 参与的线粒体交替呼吸途径是除细胞色素途径之外的另一条重要的呼吸电子传递途径，该途径可以通过快速氧化叶绿体输出的过剩 NADPH 以防止光合电子传递链的过度还原，从而缓解光合作用系统的损伤，这与 Pb 胁迫导致拟南芥叶片褪绿变黄密切相关。

6.3.6　黄酮醇合成酶基因 *FLS1* 的保守性分析

如图 6-6 所示，利用 NCBI 数据库中的 BLAST-conserved Domains 对 AtFLS1 氨基酸序列进行保守域分析，结果显示黄酮醇合成酶基因 *FLS1* 氨基酸序列在拟南芥、大豆、烟草、矮牵牛中存在高度的保守性。本研究所采用的 *fls1-3* 株系的突变位点位于高度保守区域。黄酮醇合成酶基因 *FLS1* 可能是同一生物体产生的不同分子，甚至源自不同的植物种类，却具有高度的相似性或同一性的分子序列。从跨种保留的角度来看，在形成不同物种的进化过程中，有一段特殊的基因序列被保留下来，而这种高度保守的基因序列往往具有较强的功能性价值，*FLS1* 基因高度保守性不但证明了黄酮醇合成酶基因在植物生长发育过程中不可替代的作用，而且证明了利用改良 AtFLS1 基因所实现的相关功能强化能够在其他物种推广。

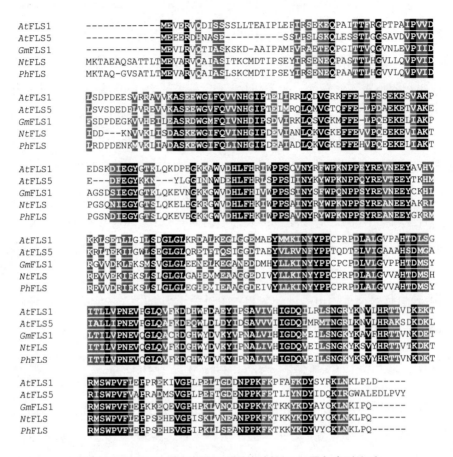

图 6-6　FLS1 蛋白结构以及不同物种的 FLS 蛋白序列比对

注：黑色代表相同，灰色代表相似。

6.4　本章小结

本章旨在研究黄酮醇合成酶基因 *FLS1* 的定位及其功能。构建 *FLS1：GUS* 株系，用以定位 *FLS1* 基因在植物幼苗的信号分布规律及半定量分析，*FLS1* 在拟南芥整株幼苗中均有分布，但不同的植物器官中 *FLS1* 表达量及分布特征各异，Pb

胁迫诱导 *FLS1*：*GUS* 信号增强，且与 Pb 浓度呈正相关。通过 *FLS1-GFP* 株系信号检测发现，*FLS1* 基因在细胞膜、细胞质和细胞核中均有强信号。基于 *NES-FLS1-GFP* 和 *nes-FLS1-GFP* 株系研究发现，*FLS1* 基因的入核表达会影响黄酮醇的含量及组成，Pb 胁迫下，*nes* 株系黄酮醇的含量显著高于 *NES* 株系，Pb 胁迫诱导所产生的槲皮素增加量高于山柰酚，不同种类的黄酮醇在参与植物抗逆过程中行使不同的功能。Pb 胁迫下，相较 *NES* 株系，*nes* 株系幼苗生长状态更加稳定。AOX 作为植物胁迫应答的重要参考指标，与植物生长指标相一致，*nes* 株系的 AOX 丰度较低，呈现更好的抗逆性，充分证明 *FLS1* 基因的入核表达是植物抗 Pb 作用的关键。此外，通过对拟南芥、大豆、烟草、矮牵牛的 *FLS1* 序列比对发现，黄酮醇合成酶基因 *FLS1* 具有高度的保守性。总之，*FLS1* 基因在植物体内各部分均有不同程度的表达，且贯穿植物的整个生长发育过程，尤其是在植物应对环境胁迫过程中起到关键作用。该成果对于基因修饰技术在农林业的应用和发展意义重大。

第 7 章

铅胁迫及黄酮醇抗逆的代谢通路研究

7.1 引言

　　植物通过根系与微生物建立密切的联系，其根系分泌物为土壤微生物提供了重要的能量物质；不同的植物通过其根系分泌物的成分和含量干预微生物群落的种类、数量和活性，从而形成特异性的微生物群落结构。其中黄酮类物质可以提高根际有益菌微生物种类和数量进而提高植物抗逆性。根际微生物也会反作用而影响植物根系的稳定；土壤中微生物可直接干预植物根系的代谢和通透性，或通过改变土壤环境条件，从而最终影响植物相关代谢通路。土壤微生物与植物在根际微环境中复杂频繁的相互作用，形成了一个有机整体；此外，根际微生物和植物建立的有机体系对提高植物重金属抗性有明显作用。总之，土壤、微生物和植物之间关系密切，不可分割；因此针对植物根际微生态的深入研究，必将促进环境保护和绿色农业的发展。宏基因组测序技术突破原有的测序及分析手段，能够更加全面地分析微生物多样性，同时能在分子水平对其代谢通路和基因功能进行研究。宏基因组测序及分析方法基于对环境中微生物群体基因组研究，通过功能基因筛选和测序分析，为研究微生物群落的结构及功能特征和对环境的响应机制开辟了新的研究思路和手段。本章设置 CK（对照组）、Pb 胁迫组（Pb^{2+}溶液）和

Fla 处理组（Pb^{2+}和槲皮素溶液），定时等体积喷洒；以拟南芥根际系统为切入点，以宏基因组分析技术为手段，基于 CAZy、eggNOG、GO 和 Kegg 数据库分析，揭示重金属 Pb 胁迫的毒性作用通路，阐明黄酮醇参与植物抗逆的相关代谢途径。

7.2　材料和方法

（1）根际土壤样品采集

在温度 25℃、相对湿度 60%、光照/黑暗周期 16 h/8 h 的条件下培养拟南芥达到四叶龄时，继续培养 14 天后，对盆栽拟南芥展开重金属（2 mmol/L Pb^{2+}）和黄酮醇（2 mmol/L Pb^{2+}和 10 μmol/L 槲皮素）的喷洒实验。根际是指与植物根系紧密结合的土壤或岩屑质粒的实际表面。利用厚度 1～2 mm 的塑料框和孔径小于 25 μm 的尼龙网，将根系及离根不同距离的土层隔开。中间层两侧各放置固定有尼龙网的微区框，中间层用来播种植株。测定时拆掉根际箱中各层塑料框，左右两侧距中间层相同距离的土样混合，作为样品进行分析。取出的土壤样品，将其置于无菌塑料袋中，密封并置于冰上 24 h 直至处理，然后在 DNA 提取之前将几克平行样品的回收土壤进行混合。

（2）宏基因组测定

Paired end 文库构建，文库质检合格后用 HiSeq2500/4000 高通量测序，模式为 PE150。①数据预处理：将测序得到的原始数据进行过滤低质量数据处理，保证后续信息分析结果的准确性。②宏基因组组装：得到有效数据后，按照样本分别进行组装，然后将未比的 reads 进行混合组装，尽可能得到样本中的所有物种信息。③基因预测：将组装好的 contigs 进行 CDS 预测，随后根据预测结果进行过滤和去冗余，并进行相应的丰度计算，过滤低丰度表达后获得 Unigenes。④物种注释：将 Unigenes 与 NR_mate 库进行比对，获得物种注释信息。⑤功能注释：将 Unigenes 与 CAZy、eggNOG、GO 和 Kegg 数据库比对，进行功能注释和丰度分析。⑥统计及比较分析：在物种、功能和基因水平上进行丰度统计分析及差异比较分析。

7.3 结果与讨论

7.3.1 不同处理组的基因表达量统计分析

总基因表达量统计如图 7-1 所示，CK 对照组、Pb 胁迫组和 Fla 处理组 3 个样本之间的总基因表达丰度存在较大差异。三者相互重叠部分代表维持生长发育的基因表达情况。相较 CK 组，Pb 胁迫组出现的表达差异，一方面是因为 Pb 的毒性作用造成的功能上甚至分子水平上的损伤，另一方面是由于自身的抗逆效应激活相关通路造成的。而差异最大的组是 Fla 处理组，该组中的基因变化规律复杂，不仅包含 Pb 胁迫所造成的基因表达变化，同时黄酮醇的引入对植物的抗逆作用以及植物的生长发育过程都存在一定的影响。因此相较 Pb 胁迫组和 CK 对照组，Fla 处理组的基因表达差异性最为显著。与空白对照组相比，Pb 胁迫组和 Fla 处理组所具有的共性部分，很有可能就是由 Pb 胁迫的直接作用而造成的。

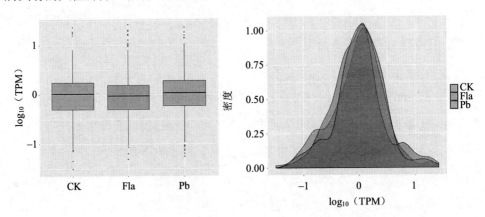

图 7-1 不同样本间的基因表达统计分析

7.3.2　不同处理组的差异基因表达分析

差异表达的基因是宏转录组测序中最值得关注的结果，这些结果能够完整展现出不同处理或不同样本之间基因差异表达的情况。$\log_2$（Fold Change）为横坐标，$-\log_{10}$（Pvalue）为纵坐标，绘制差异表达基因的火山图，可以充分了解差异基因的整体分布状况。如图 7-2 所示，红色的点代表上调的差异显著基因，蓝色的点代表下调的差异显著基因，灰色的点代表差异不显著的基因。Pb 胁迫下造成了大量基因表达量的波动，但多集中于灰色区域，造成的差异并不显著，而仅有少部分出现基因显著下调和上调，一方面可能由于单一胁迫浓度造成的，另一方面可能与 Pb 的毒性特征有关。在外源施加黄酮醇后，大量的基因出现了明显的差异（下调/上调），没有收敛趋势，说明黄酮醇可能通过多种表达调控途径增强植物抗性，缓解 Pb 胁迫所造成的损伤。这不仅证明了外源施加黄酮醇影响植物参与 Pb 胁迫下的抗逆过程，而且说明黄酮醇通过干预根际微生物参与植物的抗逆作用。

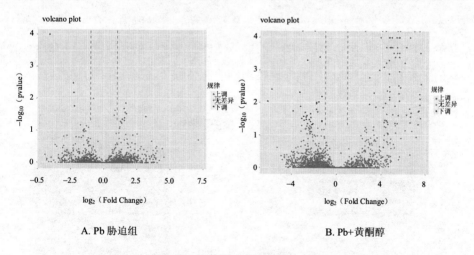

A. Pb 胁迫组　　　　　　　　　　B. Pb+黄酮醇

图 7-2　差异基因表达水平火山图

7.3.3 基于 CAZy 数据库的功能分析

CAZy 是一个特殊的数据库，主要用于分析碳水化合物活性酶（CAZymes）的基因组、结构和生化信息等。CAZy 数据库主要包括 GHs（Glycoside Hydrolases，糖苷水解酶）、GTs（Glycosyl Transferases，糖基转移酶）、PLs（Polysaccharide Lyases，多糖裂合酶）、CEs（Carbohydrate Esterases，碳水化合物酯酶）、AAs（Auxiliary Activities，辅助氧化还原酶）和 CBMs（Carbohydrate-binding Modules，碳水化合物结合模块）。

从图 7-3 中不难发现，Pb 胁迫作用主要影响的是糖基转移酶，其次是碳水化合物结合模块和多糖裂合酶。外源施加黄酮醇后，对整个碳水化合物活性酶的基因组造成影响，主要原因是黄酮醇增强植物抗逆过程是一个能量消耗的过程，激活了碳水化合物的代谢通路，此外与黄酮醇的糖基化过程有关。黄酮醇的影响主要集中于 CBMs（碳水化合物结合模块主要是糖基水解酶分子上的结构域，在纤维素酶降解不可溶纤维素中起着重要的作用）、GHs（糖苷水解酶是以内切/外切方式水解各种含糖化合物中的糖苷键，生成单糖、寡糖或糖复合物的酶，并且在氨基酸和多肽的糖基化以及抗生素的糖基化方面发挥了重要作用）和 GTs（糖基转移酶在生物体内催化活化的糖连接不同的受体分子，糖基化的产物具有多种生物学功能和用途）。

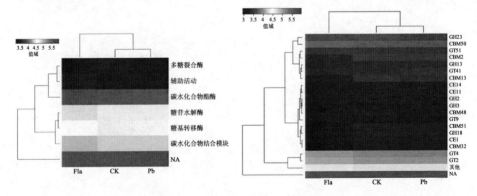

图 7-3 CAZy 分类统计热图分析

如图 7-3 所示，上述六大类功能又可以细分为各小类功能，整个数据库具有明显的两个层次的结构。从更深层级 Level 2 来看，Pb 胁迫主要干预了 GT2 和 GH23；而外源施加黄酮醇主要影响了 GT4 和 CBM2。更有趣的是，根据热图的聚类分析，相较空白对照组，Pb 胁迫所造成的差异性要小于同时外源施加黄酮醇所造成的效应，说明黄酮醇不是简单可逆地恢复 Pb 胁迫的毒性效应，而是通过其他作用通路增强植物抗逆性。

7.3.4　基于 eggNOG 数据库的功能分析

eggNOG 可分为 4 个层次。第一层包括信息存储和加工、细胞过程和信号传导、新陈代谢和未确定分类。第二层进一步细分为 25 个分类，每一个分类都可以用一个字母表示。第三层为共同功能描述。第四层为具体的直系同源蛋白簇。如图 7-4 所示，首先，Pb 胁迫严重影响了 C（Energy Production and Conversion）和 G（Carbohydrate Transport and Metabolism），这证明 Pb 胁迫干扰了生物正常的能量产生与转化，而外源施加黄酮醇在一定程度上降低了该类基因表达的差异性，侧面反映出黄酮醇缓解了 Pb 所造成的部分损伤。然而与 CK 组相较 Fla 组依然存在明显变化，说明黄酮醇参与的植物抗逆作用是一个基于能量代谢的过程，这与 CAZy 的数据分析结果一致。其次，Pb 胁迫影响了 E（Amino Acid transport and Metabolism）和 J（Translation Ribosomal Structure and Biogenesis），而外源施加黄酮醇还同时影响了 K（Transcription）、L（Replication，Reconbination and repair）和 O（Posttranslational Modification，Protein Turnover，Chaperones）等蛋白质合成相关的代谢通路，可能参与调控目标蛋白质的合成，从而增强植物的抗逆性。最后，Pb 胁迫影响了 T（Signal Transduction Mechanisms）和 P（Inoganic Ion Transport and Metabolism），这与重金属 Pb 干扰生物信号传导及离子转运，以及植物自身在增强重金属 Pb 抗性的过程中所触发的一系列反应有关。更有趣的是，外源施加黄酮醇会激活 M（Cell Wall/Membrane/Envelope Biogenesis）和 V（Defense Mechanism），不仅充分证明了黄酮醇激活植物的抗逆通路，而且证明了 Pb 的胁迫作用以及 Pb 的解毒过程与膜系统密切相关。

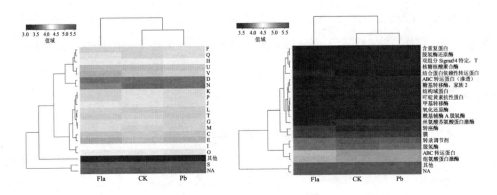

图 7-4　eggNOG 分类统计热图分析

如图 7-4 所示，Pb 胁迫影响了组氨酸蛋白激酶（Histidine Protein Kinases）；外源施加黄酮醇还同时影响了丝氨酸苏氨酸蛋白激酶（Serine Threonine Protein Kinase），两种酶均属于信号传导酶家族的成员。蛋白激酶（Protein Kinase，PK）参与催化蛋白质磷酸化过程，是信息在细胞内传递的最后环节，将导致离子通道蛋白的状态变化。这充分说明 Pb 胁迫效应以及植物抗逆作用都需要一个复杂的信号传导及代谢调控过程。Pb 胁迫激活了 ABC 转运蛋白（ABC Transporter），外源施加黄酮醇后更加显著地激活了该类系统。ABC Transporter（ATP-binding Cassette Transporter，ATP 结合盒式转运蛋白）是一类 ATP 驱动泵，由两个跨膜结构域及两个胞质侧结合域组成；ABC 转运蛋白之间具有很多共性，如相似的物质转运功能和结构。已有研究证明 ABC 转运蛋白家族中的 ABCG36 是控制防御反应中细胞死亡程度的关键因素，赋予植物对重金属镉和铅的抗性；可能是 Cd^{2+} 或 Cd 结合物的外排泵，也可能是介导病原体抗性的化学物质。

7.3.5　不同处理组的差异基因 GO 富集分析

GO（Gene Ontology）旨在建立一个适用于各个物种基因和蛋白质功能进行

限定和描述的数据库。GO 的结构主要包括生物学过程（Biological Process）、分子功能（Molecular Function）和细胞组分（Cellular Component）分类注释分析。Biological Process 是由分子功能有序组成的，具有多个步骤的一个生物学过程；Molecular Function 是在分子生物学上的活性如催化活性或结合活性；Cellular Component 是指基因产物位于细胞器或基因产物组件等。GO 对基因和蛋白的注释阐明了在正常情况下基因产物的功能、定位和生物途径等。通过差异基因的 GO 分析，得出富集的差异基因所对应的分类条目，从而发现差异基因可能对应的基因功能改变。

如图 7-5 所示，Pb 胁迫对 Molecular Function、Biological Process 和 Cellular Component 3 个过程均造成影响。Molecular Function、Biological Process 和 Cellular Component 的 P 值<0.001，差异基因呈现明显的集中趋势。Molecular Function、Biological Process 和 Cellular Component 3 个过程的 S Gene Number（注释为特定 GO 的具有显著性差异的基因数）分别为 255、259 和 157。然而 Molecular Function、Biological Process 和 Cellular Component 的 Rich factor（位于该 GO 的差异基因个数/位于该 GO 分类下的总基因数）比较低，反映出较低的 GO 富集程度。相较这 3 个过程的所有功能基因，Pb 胁迫主要集中于行使特定代谢途径的基因功能群。富集程度最高的次级分类单元包括 Structural Constituent of Ribosome（核糖体的结构成分，从属于 Molecular Function）、Glutathione Metabolic（谷胱甘肽代谢，从属于 Biological Process）和 Cul3-Ring Ubiquitin Ligase complex（Cul3-Ring 泛素连接酶复合物，从属于 Cellular Component）。Pb 胁迫影响了蛋白质的合成和降解过程，而谷胱甘肽代谢途径不仅是 ROS 清除的关键，而且参与重金属的解毒过程。

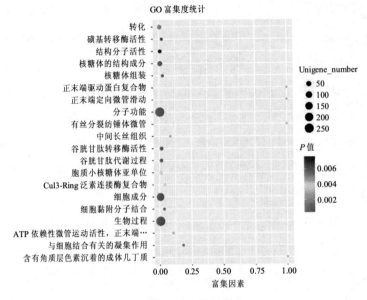

A. Pb 胁迫组

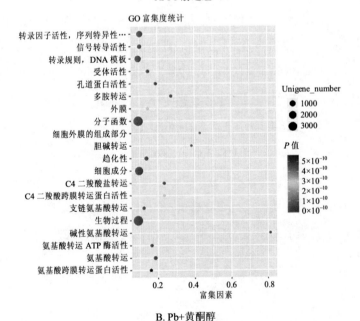

B. Pb+黄酮醇

图 7-5 差异基因 GO 富集散点图

与 Pb 胁迫组相比,外源施加黄酮醇后对 Molecular Function、Biological Process 和 Cellular Component 这 3 个过程的影响更加明显。Molecular Function、Biological Process 和 Cellar Component 这 3 个过程的 S Gene Number 显著增加,分别为 3 680、3 635 和 2 475。富集程度最高的次级分类单元包括 Polyamine Transport(多胺转运,从属于 Biological Process)、Porin Activity(孔蛋白活性,从属于 Molecular Function)和 Outer Membrane(外膜,从属于 Cellular Component);与免疫系统和与氧化应激以及重金属的络合-转运密切相关。研究还发现,Transcription Factor Activity、Sequence-Specific DNA Binding、Regulation of Transcription 和 DNA-Templated 中显著差异的基因数较多,且具有较高的富集程度,说明外源施加黄酮醇广泛调动了相关代谢通路,基因组表达出现明显波动,这与图 7-2 B 结果一致。

7.3.6　Pb 胁迫下植物抗逆的主要 Kegg 通路

核黄素(维生素 B$_2$)是一种含异咯嗪杂环的核糖醇,是黄素腺嘌呤二核苷酸(FAD)和黄素单核苷酸(FMN)的前体,FAD 与 FMN 属于辅酶,与黄素蛋白或金属黄素蛋白相结合,参与氧化还原反应等多种生理生化的过程,例如呼吸链能量代谢、脂类氧化、铁的转运,蛋白质与某些激素的合成、叶酸以及尼克酸的代谢等。已有研究发现,核黄素是一种多功能性维生素,对植物的生长、抗病都有很重要的作用。核黄素在植物体内可以与各种多糖结合,形成糖基化核黄素,调控环境胁迫反应。

如图 7-6A 所示,Pb 胁迫下核黄素代谢途径中的基因显著上调,主要包括 GTP 环己基酶[EC：3.5.4.25]、二氨基羟基磷酸核糖氨基嘧啶脱氨酶[EC：3.5.4.26]、5-氨基-6-(5-磷酸核糖基氨基)尿嘧啶还原酶[EC：1.1.1.193]、核黄素合成酶[EC：2.5.1.9]、核黄素激酶[EC：2.7.1.26]、FAD 合成酶[EC：2.7.7.2]。Pb 胁迫下,激活植物的核黄素代谢途径,参与植物抗逆,缓解氧化胁迫效应。如图 7-6B 所示,与 Pb 胁迫组相比,外源施加黄酮醇在原有的基础上更加促进了核黄素代谢途径,不仅说明了核黄素在氧化磷酸化途径中参与氧化应激过程,也证明了黄酮醇通过增强核黄素代谢来增强植物抗性，缓解 Pb 的毒性损伤。显著上调的基因主要包括二氨基羟基磷酸核糖基氨基嘧啶脱氨酶[EC：3.5.4.26]、5-氨基-6-（5-磷酸核糖基氨基）尿嘧啶还原酶[EC：1.1.1.193]、2,5-二氨基-6-（5-磷酸-D-核糖基氨基）-嘧啶-4（3H）-酮脱氨酶[EC：5.4.99.28]、核黄素激酶[EC：2.7.1.26]、FAD 合成酶[EC：2.7.7.2]、ADP-核糖/FAD 二磷酸酶[EC：3.6.1.13/3.6.1.18]、FMN 还原酶[EC：1.5.1.38]、FMN 还原酶 NAD（P）H [EC：1.5.1.39]、5,6-二甲基苯并咪唑合酶[EC：1.13.11.79]。

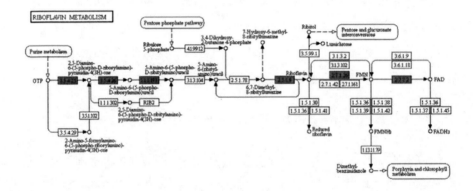

A. Pb 胁迫组

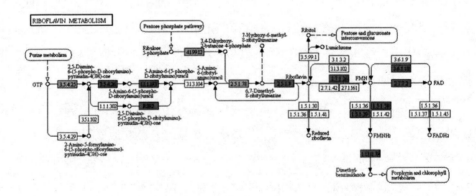

B. Pb+黄酮醇

图 7-6　Pb 胁迫及黄酮醇对核黄素代谢的影响

FMN 是羟基乙酸氧化酶的辅基，也是线粒体电子传递链复合物 Ⅰ 的 NADH 脱氢酶的辅基。已有研究发现 FMN 能够提高氧化损伤线粒体 Complex Ⅰ 的活性，提高 Complex Ⅰ 呼吸途径的耗氧速率，可能通过保护 Complex Ⅰ 中的酶结合活性位点免受自由基攻击从而维持酶活性。外源施加黄酮醇不仅激活了核黄素代谢，参与清除多余 ROS，而且修复了 Pb 胁迫对线粒体复合物 Ⅰ 的损伤。FAD 是琥珀酸脱氢酶、磷酸甘油脱氢酶和谷胱甘肽还原酶的辅基；FAD 同样是复合体Ⅱ的琥珀酸 Q 还原酶的辅基。DNA 修复酶和 DNA 光裂合酶有关的色素是蓝光/紫外光的光受体，其辅基正是 FAD。因此，核黄素代谢途径被激活还可能与 Pb 胁迫对植物造成的 DNA 损伤及其修复有关。

吡哆素（维生素 B_6）作为生长调节剂来刺激植物的生长发育，而且吡哆素是一种有效的生物抗氧化剂。如图 7-7A 所示，Pb 胁迫显著激活吡哆素代谢途径，其中显著上调的基因包括吡哆醇 4-脱氢酶[EC：1.1.1.65]、4-羟基苏氨酸-4-磷酸脱氢酶[EC：1.1.1.262]、磷酸丝氨酸氨基转移酶[EC：2.6.1.52]。与 Pb 胁迫组相比，施加黄酮醇后在原有的基础上更加促进了吡哆素代谢途径，然而施加黄酮醇后显著上调的基因与 Pb 胁迫所诱导的基因并不相同。如图 7-7 B 所示，显著上调的基因主要包括吡哆醇激酶[EC：2.7.1.35]、吡哆胺 5′-磷酸氧化酶[EC：1.4.3.5]、赤藓酸-4-磷酸脱氢酶[EC：1.1.1.290]、D-赤藓糖-4-磷酸脱氢酶[EC：1.2.1.72]。

已有研究表明，吡哆素可以提高水稻和烟草幼苗对高盐、紫外线和渗透压等环境胁迫的适应能力，增强抗逆性的同时，对植物的生长具有改善的作用。因此 Pb 胁迫诱导吡哆素代谢激活了植物的抗氧化胁迫应答；黄酮醇通过显著增强吡哆素代谢途径缓解氧化损伤，增强植物对重金属 Pb 的抗性。有趣的是，eggNOG 和 GO 数据分析中发现施加黄酮醇显著影响了氨基酸代谢途径，这可能与吡哆素的相关代谢相关。此外，已有研究表明，吡哆素增加可以显著促进根系发育，增加不定根的数量，根系分枝增多，发根作用明显。前述研究发现 Pb 胁迫下主根根长变短变细，侧根增加，这可能是 Pb 胁迫以及黄酮醇干预吡哆素代谢所造成的。

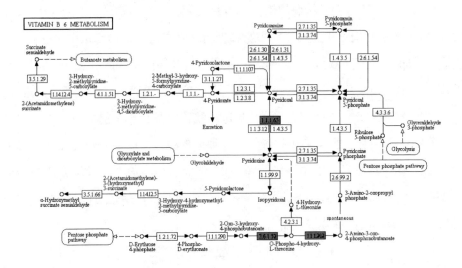

A. Pb 胁迫组

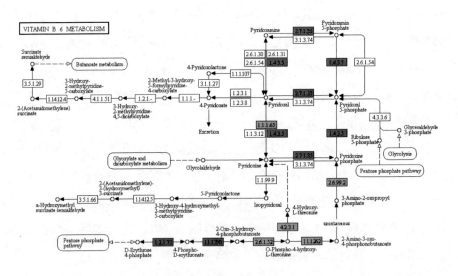

B. Pb+黄酮醇

图 7-7　Pb 胁迫及黄酮醇对吡哆素代谢的影响

　　抗坏血酸（维生素 C、AsA）具有极强的还原性，很容易被氧化成脱氢抗坏血酸。抗坏血酸代谢途径作为植物中重要的抗氧化系统，在氧化还原信号传导、光合作用、病原体防御以及金属解毒中起着重要作用。已有研究表明，植物中的 AsA 水平是抵消氧化应激的关键指标。近年来，许多报道显示外源施加 AsA 在防止非生物胁迫方面发挥作用，包括低温、盐、干旱胁迫和重金属。外源施加 AsA 抵消了水稻根系的生长抑制和增强了植物对重金属镉的耐受性；外源施加 AsA 诱导盐水条件下小麦生长改善。AsA 的抗逆效应还与抗氧化系统和光合能力密切相关。

　　如图 7-8A 所示，Pb 胁迫下抗坏血酸代谢途径中只有一个关键基因显著上调，醛脱氢酶[EC：1.2.1.3]。一方面，醛脱氢酶主要参与糖酵解/糖异生和丙酮酸代谢途径，参与植物供能，这与 eggNOG 分析中关于 Pb 胁迫影响植物能量代谢的结果相一致；另一方面，醛脱氢酶主要参与氨基酸代谢途径（缬氨酸、亮氨酸、异亮氨酸、赖氨酸、精氨酸、脯氨酸、组氨酸、色氨酸和丙氨酸）；这与前述 GO 功能分析中关于 Pb 胁迫影响氨基酸和蛋白质代谢的结果相吻合。前述研究结果发现 Pb 胁迫对植物造成显著的氧化胁迫作用，对叶绿体及植物的光合作用产生严重的影响，可能正是由于 Pb 胁迫未能显著激活抗坏血酸代谢途径，不能清除叶绿体中多余 ROS 有关。然而，如图 7-8B 所示，与 Pb 胁迫组相比，外源施加黄酮醇显著激活了整个抗坏血酸代谢途径，显著上调的基因主要包括 UDP 葡萄糖-6-脱氢酶[EC：1.1.1.22]、葡萄糖醛酸激酶[EC：2.7.1.43]、L-古洛糖酸内酯氧化酶[EC：1.1.3.8]、肌醇磷酸磷酸酶/L-半乳糖-磷酸磷酸酶[EC：3.1.3.25/3.1.3.93]、D-苏-醛糖 1-脱氢酶[EC：1.1.1.122]、L-抗坏血酸氧化酶[EC：1.10.3.3]、葡萄糖酸脱水酶[EC：4.2.1.40]、半乳糖脱水酶[EC：4.2.1.42]、5-脱氢-4-脱氧葡萄糖酸脱水酶[EC：4.2.1.41]、L-阿拉伯糖酸内切酶[EC：3.1.1.15]。

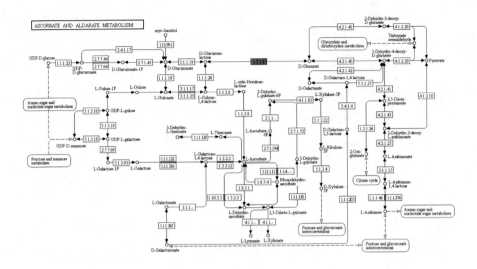

A. Pb 胁迫组

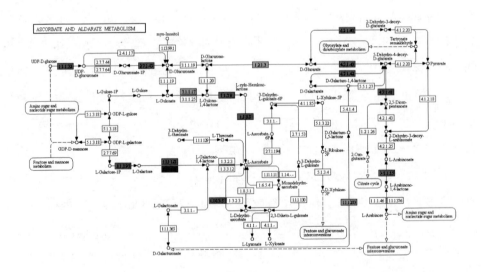

B. Pb+黄酮醇

图 7-8 　Pb 胁迫及黄酮醇对抗坏血酸代谢的影响

抗坏血酸被认为是维持各种植物的抗氧化防御系统免受非生物胁迫引起的氧化损伤所必需的，已有研究发现抗坏血酸可直接清除单态氧、超氧化物和羟自由基。AsA 可以作为叶黄素循环中的辅助因子，可以参与保护并调节光合作用。外源施加黄酮醇条件下，植物叶片褪绿不明显，缓解了 Pb 胁迫对叶绿体的影响，正是由于激活了抗坏血酸代谢途径。AsA 可以降低氧化胁迫下植物 MDA 的量，提高抗氧化酶的活性，从而可缓解氧化毒害作用。此外，黄酮醇还参与修复三羧酸循环中的电子传递和氧化磷酸化途径。有趣的是，已有研究发现，AsA 在 APx 的作用下与 H_2O_2 反应，接受 NADPH（GSH 谷胱甘肽代谢途径）电子，被还原成 H_2O；而 AsA 则被氧化成单脱氢抗坏血酸，并在脱氢抗坏血酸还原酶的作用下以 GSH 为底物生成 AsA，此反应产生的氧化型谷胱甘肽被还原成 GSH。因此，抗坏血酸代谢与谷胱甘肽代谢在参与植物 ROS 清除过程中密不可分。

谷胱甘肽（GSH）是一种含酰胺键和巯基的三肽，由半胱氨酸、谷氨酸和甘氨酸组成，具有综合解毒及抗氧化功能；GSH 作为重要的调节代谢物质，参与三羧酸循环及糖代谢，同时具有重要的巯基（-SH），通过与体内自由基结合，直接还原自由基，从而消除氧化损伤。如图 7-9 所示，Pb 胁迫下谷胱甘肽代谢途径中的基因显著上调，主要包括异柠檬酸脱氢酶[EC：1.1.1.42]、葡萄糖-6-磷酸 1-脱氢酶[EC：1.1.1.49/1.1.1.363]、亚精胺合成酶[EC：2.5.1.16]、谷胱甘肽 S-转移酶[EC：2.5.1.18]、亮氨酰氨肽酶[EC：3.4.11.1]、氨肽酶 N [EC：3.4.11.2]、鸟氨酸脱羧酶[EC：4.1.1.17]、谷胱甘肽合酶[EC：6.3.2.3]。Pb 胁迫显著激活了谷胱甘肽代谢途径，谷胱甘肽具有独特的氧化还原和亲核特性，可用于防御活性氧和重金属。Pb 与蛋白质的羧基和硫醇基团的相互作用，直接或间接产生自由基并因此诱导氧化应激反应。与 Pb 胁迫组相比，施加黄酮醇后更加显著地激活了谷胱甘肽代谢途径，但也呈现出一定的区别；如图 7-10 所示，显著上调的基因主要包括 5-氧代丙酸酶（ATP-水解）[EC: 3.5.2.9]、二肽酶 D [EC: 3.4.13]、Cys-Gly 金属二肽酶 DUG1 [EC: 3.4.13]、γ-谷氨酰转肽酶/谷胱甘肽水解酶[EC: 2.3.2.2/3.4.19.13]、谷胱甘肽还原酶（NADPH）[EC: 1.8.1.7]、异柠檬酸脱氢酶[EC: 1.1.1.42]、磷酸葡萄糖酸盐 2-

脱氢酶[EC：1.1.1.43]、6-磷酸葡糖酸脱氢酶[EC：1.1.1.44/1.1.1.343]、谷胱甘肽过氧化物酶[EC：1.11.1.9]、鸟氨酸脱羧酶[EC：4.1.1.17]、Cys-Gly 金属二肽酶 DUG1 [EC：3.4.13]。一方面，黄酮醇促进抗坏血酸-谷胱甘肽代谢系统，保护细胞内的蛋白质、脂质等结构成分使之不被氧化，清除自由基所产生的氧化损伤；另一方面，在清除自由基期间，黄酮醇被化学转化为亲电子醌，谷胱甘肽（GSH）可以捕获这些醌，是保护细胞免受有害活性物质影响的有效解毒机制。

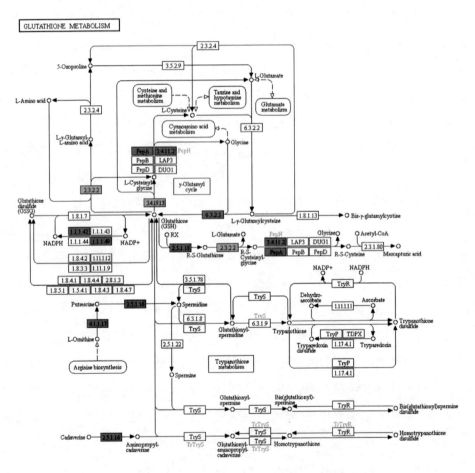

图 7-9　Pb 胁迫对谷胱甘肽代谢的影响

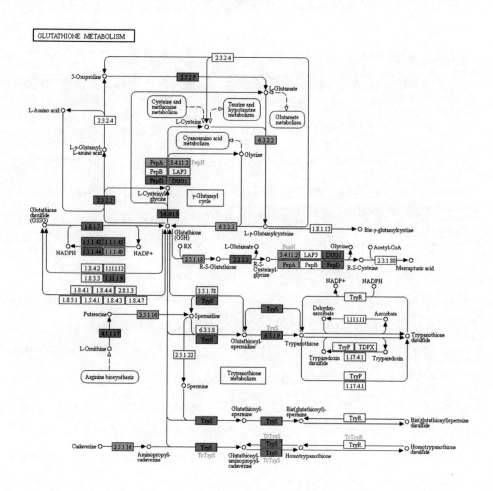

图 7-10 施加黄酮醇处理对谷胱甘肽代谢的影响

GSH 在植物螯合肽合成酶催化下，在细胞质中聚合形成植物螯合素（Phytochelatins，PCs），PCs 的细胞内螯合是植物抵抗重金属胁迫的主要机制。植物螯合素与金属离子螯合后形成无毒化合物，降低重金属离子浓度，转运排出细胞外，从而减轻重金属对植物的毒害作用。已有研究表明，GSH 合成抑制剂可使植物 PCs 合成受到抑制，拟南芥表现出对 Cd 的超敏感；相反，Cd 胁迫会诱导 GSH 和 PCs 相关合成酶基因上调。研究还发现丝氨酸乙酰转移酶活性升高引起的

GSH 浓度升高，则提高了拟南芥对 Ni 的活性氧胁迫的耐受程度。谷胱甘肽代谢的生化和遗传调节是复杂的，并且受到不同环境条件如重金属或其他胁迫因子的影响，还需进一步探究；此外，重金属解毒与谷胱甘肽代谢和硫代谢密切相关，需要同时动态关注。

硫是生命中必不可少的元素，硫虽然不是植物细胞的结构性组成元素，但在植物中却发挥着极其重要的功能，尤其在植物抗逆方面。相关含硫代谢物在植物逆境生存上起着极其重要的作用，通过硫代谢通路的各环节协调和促进植物在逆境胁迫下的生存能力。此外，在重金属胁迫下，植物体内的螯合剂主要有植物螯合肽（PCs）、谷胱甘肽（GSH）、金属硫蛋白（MTs）和非蛋白巯基肽（NPT）等含巯基肽类物质，这些参与重金属解毒的过程均与硫代谢通路密切相关。

如图 7-11A 所示，Pb 胁迫下硫代谢途径中的基因显著上调，主要包括半胱氨酸 S-硫代硫酸转移酶[EC：2.8.5.2]、硫酸盐/硫代硫酸盐转运系统底物结合蛋白[CysP]、牛磺酸双加氧酶[EC：1.14.11.17]、丝氨酸 O-乙酰转移酶[EC：2.3.1.30]、亚硫酸还原酶（NADPH）黄素蛋白 α-组分[EC：1.8.1.2]、3′-磷酸腺苷 5′-磷酸硫酸合酶[EC：2.7.7.4/2.7.1.25]、3′（2′），5′-二磷酸核苷酸酶[EC：3.1.3.7]、腺苷酰硫酸还原酶-亚基 A [EC：1.8.99.2]、磷酸腺苷磷酸硫酸还原酶[EC：1.8.4.8/1.8.4.10]、硫双加氧酶[EC：1.13.11.18]、胱硫醚 γ-合酶[EC：2.5.1.48]、O-琥珀酰高丝氨酸硫氢化酶[EC：2.5.1.-]、双功能酶 CysN/CysC [EC：2.7.7.4/2.7.1.25]、磷酸腺苷磷酸硫酸还原酶[EC：1.8.4.8/1.8.4.10]、亚硫酸还原酶黄素蛋白 α-组分[EC：1.8.1.2]、腺苷酰硫酸还原酶-亚基 A [EC：1.8.99.2]、S-二硫烷基-L-半胱氨酸氧化还原酶 SoxD [EC：1.8.2.6]。

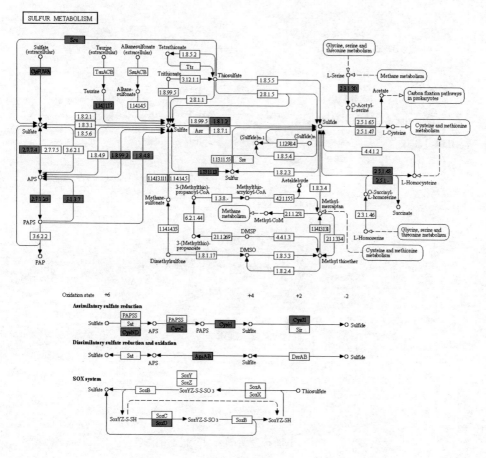

A. Pb 胁迫组

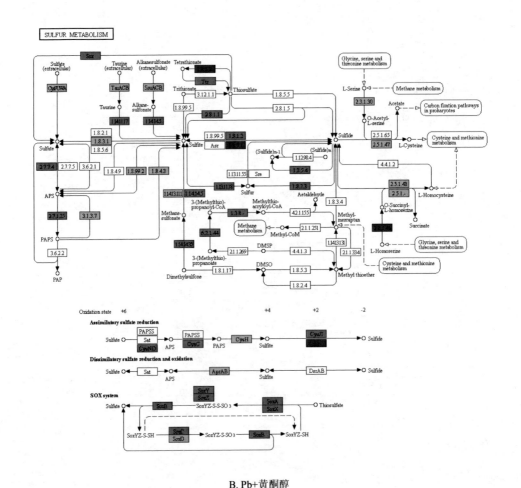

B. Pb+黄酮醇

图 7-11　Pb 胁迫及黄酮醇对硫代谢的影响

与 Pb 胁迫组相比，外源施加黄酮醇后更加显著地影响了硫代谢通路，并呈现一定的差异性，Pb 胁迫造成硫代谢的相关产物广泛参与到 Pb 的毒性控制，再加上黄酮醇激活抗氧化胁迫通路，严重干预了硫代谢通路的平衡。如图 7-11B 所示，显著上调基因包括 L-半胱氨酸 S-硫代硫酸转移酶[EC: 2.8.5.2]、牛磺酸双加氧酶[EC: 1.14.11.17]、链烷磺酸单加氧酶[EC：1.14.14.5]、硫代硫酸盐/3-巯基丙酮酸硫转移酶[EC：2.8.1.1/2.8.1.2]、亚硫酸还原酶黄素蛋白 α-组分[EC: 1.8.1.2]、3′-磷酸腺苷 5′-磷酸硫酸合酶[EC：2.7.7.4/2.7.1.25]、链烷磺酸单加氧酶[EC：1.14.14.5]、硫双加氧酶[EC：1.13.11.18]、硫化物-醌氧化还原酶[EC：1.8.5.4]、硫化物脱氢酶黄素蛋白[EC：1.8.2.3]、3-（甲硫基）丙酰基-CoA 脱氢酶[EC：1.3.8]、3-（甲硫基）丙酰基-CoA 连接酶[EC：6.2.1.44]、二甲基砜单加氧酶[EC：1.14.14.35]、双功能酶 CysN/CysC [EC：2.7.7.4/2.7.1.25]、亚硫酸还原酶黄素蛋白 α-组分[EC：1.8.1.2]、S-磺基硫烷基-L-半胱氨酸磺基水解酶[EC：3.1.6.20]、硫氧化蛋白 SoxY、硫氧化蛋白 SoxZ、L-半胱氨酸 S-硫代硫酸转移酶[EC：2.8.5.2]、L-半胱氨酸 S-硫代硫酸转移酶[EC：2.8.5.2]、硫酸脱氢酶亚基 SoxC、S-磺基硫烷基-L-半胱氨酸磺基水解酶[EC：3.1.6.20]。

PCs 的合成同植物体内硫的吸收利用有着直接的关系。已有研究表明富含 Cys（半胱氨酸）的 MTs（金属硫蛋白）也是重要的重金属螯合物，MTs 在植物中的功能可能是保持植物所需微量元素的贮存与动态平衡。前述 MTs 含量在 Pb 胁迫下的显著变化，首先与氧化胁迫有关，其次与 MTs 平衡硫元素在重金属解毒过程中的代谢平衡有关。植物中的重金属清除主要依靠 PCs 的螯合作用。但在某些植物中，重金属的清除主要依赖 GSH，已有研究指出，水稻耐铝毒的机制与 GSH 直接相关。总之，植物可以通过螯合重金属，然后利用液泡膜上的 ABC 转运子运输至液泡内隔离，使其免受重金属毒害，因此需要对 ABC 转运系统的相关通路进行研究。

ABC 转运蛋白是膜整合蛋白，对各生物分子进行跨膜运输。如图 7-12 所示，由 Pb 胁迫，ABC 转运代谢途径中的基因显著上调，主要包括矿物和有机离子转运系统、糖-多元醇和脂质转运体系统、磷酸盐和氨基酸转运蛋白系统、肽和镍转运蛋白系统、金属阳离子-铁-铁载体和维生素 B_{12} 转运蛋白系统、ABC-2 型和其他转运系统、ABCB（MDR/TAP）亚家族、大环内酯转运系统。如图 7-13 所示，与 Pb 胁迫组相比，外源施加黄酮醇显著激活 ABC 转运代谢代谢途径，主要包括矿物和有机离子转运系统、糖-多元醇和脂质转运蛋白系统、单糖转运系统、磷酸盐和氨基酸转运蛋白系统、肽和镍转运蛋白系统、金属阳离子-铁-铁载体和维生素 B_{12} 转运蛋白系统、ABC-2 型和其他系统、ABCA（CFTR/MRP）亚家族、ABCB（MDR/TAP）亚家族、大环内酯转运系统、其他亚家族。

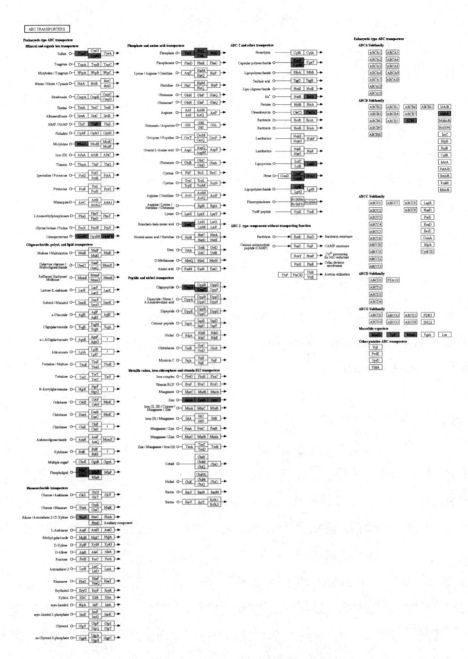

图 7-12　Pb 胁迫对 ABC 转运系统的影响

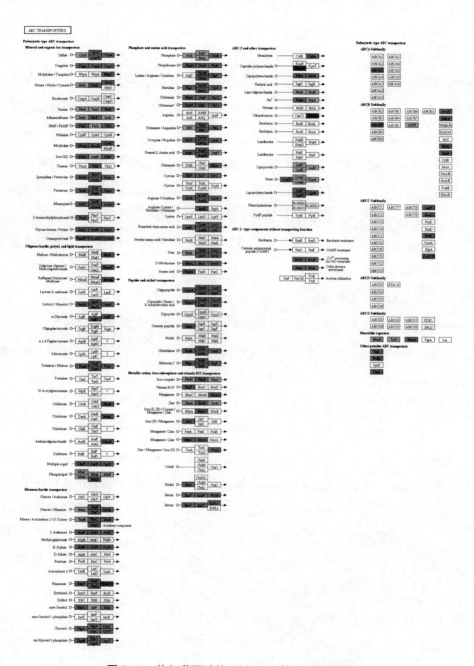

图 7-13　施加黄酮醇处理对 ABC 转运系统的影响

Pb 胁迫激活了多种 ABC 转运家族的子系统，各系统协同参与重金属的转运过程。上述研究表明，Pb 胁迫激活硫酸代谢通路参与形成螯合素，ABC 转运系统中的硫转运系统被激活，直接参与硫代谢过程；金属阳离子转运系统以及其他相关转运系统被激活，与重金属 Pb 的转运密切相关。PCs 作为主要配体，与重金属结合形成复合物，ABC 转运蛋白参与 PC-重金属复合物的细胞器转运；而且研究证明，ABC 转运家族中的 ABCC 家族蛋白是重金属液泡区室化过程的重要液泡膜转运蛋白。已分离出 ABCG 亚家族中的 PDR 参与重金属胁迫相关的基因，ABCC 亚家族中的 MRP 转运蛋白将重金属转运到液泡中，增强植物对重金属的积累和耐性。本研究结果却显示 Pb 胁迫没有激活 MRP 和 PDR，因此，与其他重金属离子不同，Pb 的转运及解毒过程与其他 ABC 转运系统有关。有趣的是，Pb 胁迫还显著激活了 ABCB 亚家族中的 ATM，而已有研究发现 ATM3（线粒体蛋白）与植物体内铁硫簇的生物合成和离子内稳态相关，ATM3 对植物的重金属耐性的增强可能与介导谷胱甘肽途径有关，而本研究也发现 Pb 胁迫同时激活了 ATM 和谷胱甘肽代谢途径；此外，重金属 ATP 酶家族中的 HMA4 作为一种流出泵在高浓度重金属解毒方面起重要作用。

外源施加黄酮醇后更加显著激活了 ABC 转运系统，与 Pb 胁迫组相比不仅激活了更多的亚系统，而且区别于 Pb 胁迫组，还激活了单糖转运系统、ABCA（ABC1）亚家族、ABCC（CFTR/MRP）亚家族和其他亚家族。激活单糖转运系统除了与前述研究结果一致，与植物的能量代谢途径有关外，可能参与黄酮醇糖基化过程，已有研究发现黄酮醇糖基化对于黄酮醇类在植物体内行使功能至关重要。本研究表明，施加黄酮醇后激活了 ABC 蛋白家族中的 ABCA 亚家族、ABCB 亚家族和 ABCC 亚家族参与重金属 Pb 的转运及解毒过程；有趣的是，ABCB 亚家族还参与生长素转运，可能与 Pb 胁迫造成的植物根的形态特异性有关。总之，Pb 胁迫激活 ABC 转运家族参与重金属的解毒；而外源施加黄酮醇后在一定程度上改变了原有的植物应答机制，更加有效地缓解 Pb 的毒性效应，增强植物抗逆性。这一过程会对 ATP 供能及营养代谢造成影响，而这必然与氧化磷酸化和光合磷酸化途径密切相关。

7.3.7　氧化磷酸化和光合磷酸化途径的响应

　　氧化磷酸化途径（Oxidative Phosphorylation）是物质在体内氧化时释放的能量通过呼吸链供给 ADP 与无机磷酸合成 ATP 的偶联反应，氧化磷酸化作用发生在线粒体内，参与氧化磷酸化的体系以复合物的形式分布在线粒体内膜上，构成呼吸链（电子传递链）。其功能主要是进行电子传递、H^+ 传递及氧的利用，最终产生 ATP 和 H_2O。如图 7-14A 所示，主要包括 NADH 氧化还原酶（复合物 I）、琥珀酸氧化还原酶（复合物 II）、细胞色素 C 氧化还原酶（复合物 III）、细胞色素 C 氧化酶（复合物 IV）和 ATP 合成酶（复合物 V）

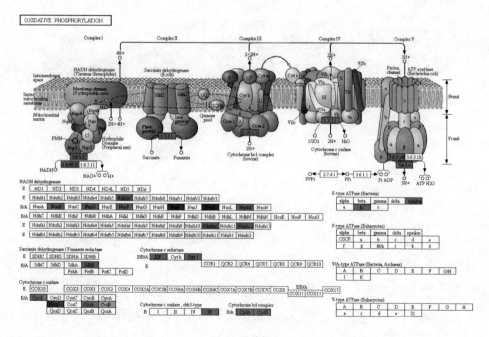

A. Pb 胁迫组

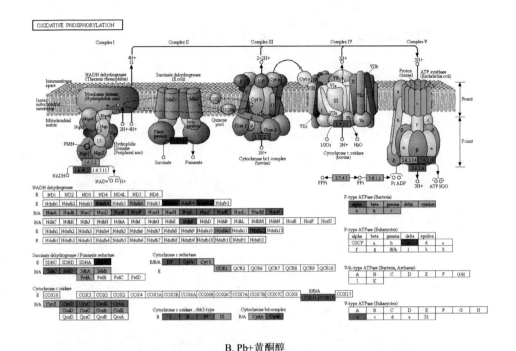

B. Pb+黄酮醇

图 7-14　Pb 胁迫和黄酮醇对氧化磷酸化途径的影响

　　基于 CAZy、eggNOG 和 GO 功能分析发现 Pb 胁迫干预了植物供能系统和营养代谢过程。一方面，Pb 对糖酵解、磷酸戊糖途径和三羧酸循环过程造成影响；另一方面，Pb 严重影响线粒体上的关键酶/亚基，干预了氧化磷酸化途径。主要调控的基因包括复合物 I[NADH 脱氢酶、NADH 脱氢酶（泛醌）Fe-S 蛋白 6、NADH-醌氧化还原酶亚基 B，D，F，K，M、NADH 脱氢酶（泛醌）α/β 亚复合物 1，12]，复合物 II[琥珀酸脱氢酶（泛醌）黄素蛋白亚基、琥珀酸脱氢酶/富马酸还原酶]，复合物 III[泛醇-细胞色素 c 还原酶细胞色素 b/c1 亚基、琥珀酸脱氢酶/富马酸还原酶、铁硫亚基]，复合物 IV[细胞色素 c 氧化酶 cbb3 型亚基 1，3、细胞色素 c 氧化酶亚基 1，4、细胞色素 d 泛醇氧化酶亚基 1，2]，复合物 V[F 型 H^+-转运 ATP 酶亚基 a、H^+-转运 ATP 酶]。Pb 胁迫对氧化磷酸化途径的影响，不仅会导致植物能量代谢系统紊乱，而且会产生过量的 ROS，对植物造成氧化损伤。

　　施加黄酮醇后氧化磷酸化途径的变化情况如图 7-14B 所示，主要调控的基因包括复合物 I [NADH 脱氢酶、NADH 脱氢酶（泛醌）Fe-S 蛋白 4，8、NADH 脱氢酶（泛醌）黄素蛋白 1，2、NADH-醌氧化还原酶亚基 E，F，I，J，K，N、NAD（P）H-醌氧化还原酶亚基 5、NADH 脱氢酶（泛醌）α 亚复合物亚基 12]，复合物 II [琥珀酸脱氢酶（泛醌）黄素蛋白亚基、琥珀酸脱氢酶（泛醌）铁硫亚基、琥珀酸脱氢酶/富马酸还原酶、细胞色素 b 亚基、琥珀酸脱氢酶/富马酸还原酶、膜亚基]，复合物 III[泛醇-细胞色素 c 还原酶细胞色素 b/c1 亚基、泛醇-细胞色素 c 还原酶铁-硫亚基]，复合物 IV[细胞色素 c 氧化酶 cbb3 型亚基 1，2，4、细胞色素 c 氧化酶装配蛋白亚基 11，15、细胞色素泛醇氧化酶亚基 1，2，3，4、细胞色素 bd 泛醇氧化酶亚基 2]，复合物 V[H^+/K^+-交换 ATP 酶、H^+-转运 ATP 酶、F-型 H^+-转运 ATP 酶亚基 c、V 型 H^+-转运 ATP 酶亚基 a]。黄酮醇可以激活抗氧化酶系统以及核黄素代谢、谷胱甘肽代谢等途径直接参与氧化磷酸化过程，从而消除 ROS，有效减轻氧化胁迫损伤；此外，氧化磷酸化过程与硫代谢以及 ATP 转运子密切相关，直接参与重金属的解毒作用。

　　光合磷酸化（Photophosphorylation）是植物叶绿体的类囊体膜（或光合菌的载色体）利用光能将二氧化碳和水合成有机物的过程，由光反应和暗反应组成。在光照条件下，将部分光能转移至 NADPH 中暂存，利用其余部分光能催化二磷酸腺苷（ADP）与磷酸（Pi）形成三磷酸腺苷（ATP）的反应。类囊体膜进行的电子传递与光合磷酸化是由光系统 I、光系统 II、细胞色素 b6/f 复合物和 ATP 合成酶 4 个复合物参与完成的。

　　Pb 胁迫不仅严重影响植物的叶绿素合成及其内在稳态，而且在叶绿体内产生过量 ROS，破坏叶绿体结构和功能，进而影响植物的光合作用。如图 7-15A 所示，Pb 胁迫对光合磷酸化途径造成显著影响，主要调控的基因包括光系统 I（铁氧还蛋白- $NADP^+$ 还原酶、光系统 I P700 叶绿素 a 载脂蛋白 A2），细胞色素 b6 f 复合物（细胞色素 b6-f 复合铁硫亚基、细胞色素 b6-f 复合亚基 4），ATP 合成酶（F 型 H^+ 转运 ATP 酶亚基 a）。

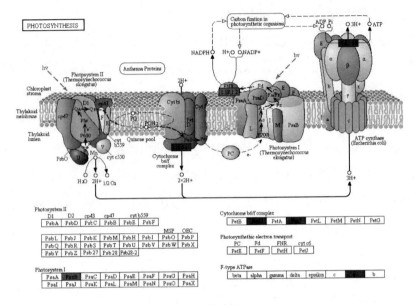

A. Pb 胁迫组

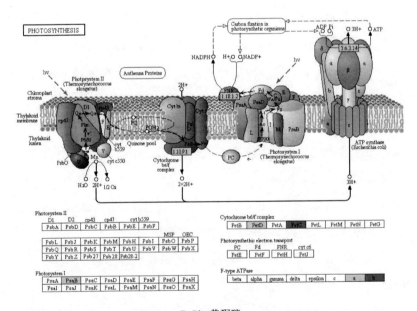

B. Pb+黄酮醇

图 7-15　Pb 胁迫和黄酮醇对光合磷酸化途径的影响

上述研究发现，黄酮醇能在一定程度上缓解 Pb 所造成的损伤，叶绿素的含量和组成均有所恢复。如图 7-15B 所示，光合磷酸化途径中的光系统Ⅰ、细胞色素 b6 f 复合物以及 ATP 合成酶中的显著差异表达基因在施加黄酮醇的实验组中表现为无显著差异，有效缓解了 Pb 胁迫对光合磷酸化途径的影响。此外，黄酮醇主要调控的基因包括细胞色素 b6 f 复合物（细胞色素 b6-f 复合铁硫亚基），ATP 合成酶（F 型 H$^+$转运 ATP 酶亚基 b）。这可能与黄酮醇参与植物正常生长发育过程有关。总之，黄酮醇可以激活抗氧化酶系统消除 Pb 胁迫对叶绿体所造成的氧化损伤，黄酮醇可能通过参与调控吡哆素代谢和抗坏血酸代谢从而与光合磷酸化途径建立联系。

7.4　本章小结

本章采用宏基因组测序分析技术研究 Pb 胁迫的毒性作用通路和黄酮醇参与的抗 Pb 代谢通路。Pb 胁迫造成基因表达量发生显著波动，施加黄酮醇后更是诱导大量基因出现显著变化。基于 CAZy 和 eggNOG 数据库研究发现，Pb 胁迫以及施加黄酮醇均显著干预能量代谢过程，Pb 胁迫影响生物信号传导及离子转运过程，外源施加黄酮醇激活了植物防御及膜系统。基于 GO 数据库分析发现，Pb 胁迫及黄酮醇施加均对分子功能、生物过程和膜组分造成显著影响，主要集中于蛋白质的合成和降解的相关代谢途径，这与重金属毒性作用以及植物氧化应激相关。基于 Kegg 通路研究发现，Pb 胁迫下核黄素代谢途径中的部分基因显著上调，施加黄酮醇后显著激活核黄素代谢途径，参与呼吸链中的相关代谢反应，清除氧自由基；Pb 胁迫下吡哆素代谢途径中的基因显著上调，施加黄酮醇后激活吡哆素代谢途径增强植物对环境胁迫的抗逆性，同时吡哆素代谢与植物根系统发育密切相关；Pb 胁迫组抗坏血酸代谢途径无明显变化，而施加黄酮醇却显著激活抗坏血酸代谢途径，用以消除叶绿体中的自由基，从而保障光合磷酸化途径；Pb 胁迫以及施加黄酮醇均显著激活了谷胱甘肽代谢途径，缓解氧化损伤的同时参与生成 PCs；

与此相对应的硫代谢途径在 Pb 胁迫及黄酮醇施加显著的激活，参与形成 PCs、GSH 和 MTs 等含巯基肽类物质螯合金属离子；Pb 胁迫以及施加黄酮醇后显著激活 ABC 转运系统，参与重金属转运及解毒过程。Pb 胁迫显著影响了植物的氧化磷酸化途径和光合磷酸化途径，造成氧化损伤的同时影响植物能量代谢过程，抑制植物的生长和发育，而施加黄酮醇参与调控植物的抗氧化等解毒系统缓解 Pb 胁迫所造成的毒性效应并增强植物抗性。总之，本研究以微生物-植物为统一有机体，深度解析了植物在重金属 Pb 胁迫下的应答机制，以及黄酮醇主要参与调控植物抗逆代谢途径。本研究成果为重金属致毒机理以及植物抗逆机制研究开辟了新的思路。

第 8 章

结论、创新与展望

8.1 主要结论

本书以鞍钢大孤山尾矿库土壤项目为依托,对尾矿库进行环境评估及评价,以重金属 Pb 为目标污染物,旨在以土壤-微生物-植物系统为统一的有机体,建立针对重金属 Pb 的生态毒性评价体系,并在此基础上揭示重金属 Pb 的毒性效应和致毒机理。本研究首先揭示了重金属污染物在水平和垂直方向的传递规律,以及重金属 Pb 在迁移过程中的形态转化规律。其次,通过研究土壤微生物群落结构变化,揭示了 Pb 对土壤微生物的毒性作用,阐明了土壤微生物在 Pb 污染条件下的群落变化及其特征;以模式植物拟南芥作为研究对象,研究并揭示了 Pb 对植物的毒性效应,基于植物的表观生理学特征和氧化胁迫作用,明确了重金属 Pb 的剂量-效应关系。再次,外源施加黄酮醇,可有效缓解 Pb 胁迫所造成的损伤,增强植物的抗逆作用;针对黄酮醇合成酶基因,通过基因改良的方法,可提高植物合成黄酮醇的能力,从而显著增强植物抗 Pb 能力以及环境适应能力。最后,基于宏基因组技术,阐明了 Pb 的毒性作用通路,揭示了黄酮醇在增强植物抗 Pb 作用中相关代谢途径。本研究不仅为重金属 Pb 的生态毒性及其机理研究奠定了基础,而且为植物抗逆性研究提供了理论依据,为增强原位修复技术的应用和实践提供了技术支撑。

主要研究结论如下：

（1）对鞍钢尾矿区进行环境监测及污染分析，尾矿土呈碱性，孔隙度低，含水量低，土壤贫瘠，植被难以生长；主要环境胁迫因子为重金属污染物，综合污染评价属于轻度污染，重金属 Pb 作为本次研究的目标污染物对尾矿区土壤污染贡献度最高；重金属（Pb、Cu、Zn、Cd、Cr）在垂直方向上呈现较强的向下迁移能力，在水平方向上呈现与迁移距离负相关的递减趋势，重金属迁移与重金属种类特性及土壤环境条件密切相关；Pb 的垂直迁移能力较强，在垂直迁移过程中 Pb 的生物可利用态（碳酸盐结合态、氧化物结合态、有机结合态）增加，Pb 在水平方向上的迁移能力较低，但迁移过程中 Pb 的残渣态显著降低，生物可利用态显著提高。总之，重金属污染物的迁移转化将导致其环境威胁增加和污染范围扩大。

（2）研究土壤酶活性及微生物群落在 Pb 污染条件下的变化特征以及重金属 Pb 对土壤微生物的毒性效应。土壤酶（过氧化氢酶和脲酶）活性变化与微生物总量变化规律一致，微生物的活性和数量均受到重金属 Pb 及其浓度的影响；土壤微生物多样性分析（Shannon、Chao1、Simpson），揭示了重金属 Pb 对土壤微生物种类的影响以及微生物物种数和多样性指数的变化规律。PcoA 分析和 DCA 分析首先确定了样本的可重复性和数据的重现性，其次明确了 Pb 胁迫组与对照组之间的显著性差异，不同 Pb 浓度组的样本也存在不同程度的差异性，证明了重金属 Pb 与土壤微生物之间存在一定的剂量-响应关系；OTU 相似性分析阐明了 Pb 胁迫下微生物群落与对照组所共有的 OTU 单元，以及不同 Pb 浓度处理组所特有的OTU 单元，并基于"门"分类层级详细阐明 Pb 胁迫所导致的微生物群落物种组成以及丰度变化，不同处理组的微生物群落结构各异。

（3）研究重金属 Pb 对植物（拟南芥）的毒性效应及特征。Pb 胁迫严重抑制了植物种子的萌发过程，严重影响了植物的生长发育，子叶萎蔫褪绿枯黄，根长降低，侧根增加，株高降低且提前抽薹，营养生长受到抑制，加速了植物的生殖生长；基于拟南芥生理指标（种子萌发率、萌发时间、子叶张开数、根长、地上生物量），初步建立了 Pb 胁迫与毒性作用之间的剂量-效应关系；基于 DAB 染色

NBT 染色分析发现，Pb 胁迫导致植物体内 ROS（活性氧）含量显著增加，且与 Pb 胁迫浓度呈正相关；与此同时，Pb 胁迫显著激活了抗氧化酶系统，植物体内 SOD（超氧化物歧化酶）和 CAT（过氧化氢酶）活性显著提高，协同参与消除超氧自由基和过氧化氢；GPx（谷胱甘肽过氧化物酶）和 APx（抗坏血酸过氧化物酶）活性的显著升高，参与有害的过氧化物还原，清除植物体内 ROS，进而减轻 Pb 胁迫所造成的氧化损伤，然而抗氧化酶系统的解毒能力有限；MDA（丙二醛）和 MTs（金属硫蛋白）研究证明，随着 Pb 胁迫浓度的增加，会造成严重的氧化损伤和脂质过氧化，从而严重危害植物生长发育，此外，MTs 的显著增加，与重金属的解毒过程密切相关。

（4）构建基于黄酮醇合成酶基因 *FLS1* 的基因改良植株，研究植物黄酮醇参与抗 Pb 胁迫效应及其特征。外源施加黄酮醇能够有效缓解 Pb 胁迫所造成的抑制作用，植物生长发育状态明显得到改善；Col（哥伦比亚野生型）、OE（*FLS1* 过表达）和 *fls1-3*（*FLS1* 突变体）研究发现，Pb 胁迫对 *fls1-3* 植株造成更加显著的毒性效应，而 OE 植株则表现出较强的抗逆作用；Pb 胁迫对植物的叶绿素 a 和叶绿素 b 造成严重的影响，而 OE 植株叶绿素含量和组成更加稳定，从而保障植物的光合作用及营养代谢；*fls1-3* 植株在 Pb 胁迫下会产生更多的 ROS，而 OE 组植株的 ROS 积累显著减少，有效缓解了 Pb 胁迫所造成的氧化损伤；基于黄酮醇合成酶基因表达量以及黄酮醇含量分析发现，Pb 胁迫显著诱导了 Col、*fls1-3* 和 OE 相关基因表达量提高，Col 和 OE 植株产生更多的黄酮醇，OE 株系的增加量更为显著；内源及外源提高黄酮醇含量能显著增强植物抗 Pb 性，但黄酮醇增强植物抗性的能力是有限的；基于 *FLS1：GUS* 和 *FLS1-GFP* 植株，揭示了黄酮醇合成酶基因 *FLS1* 在拟南芥各器官中以及器官内部的信号强度及其分布特征，信号表达量与 Pb 胁迫浓度呈正相关；*FLS1* 基因在细胞膜、细胞质和细胞核中均有强信号，而 *FLS1* 基因的入核表达，不仅影响黄酮醇的含量及组成（槲皮素含量高于山柰酚），而且基于植物长势及 AOX（交替氧化酶）分析发现，*FLS1* 基因入核表达的植株表现出更强的抗 Pb 效应，并能有效减轻氧化胁迫损伤，说明 *FLS1* 基因的入核表达是植物参与抗逆的关键；*FLS1* 基因的高度保守性，使其研究成果产生更深远的理论意义和更广泛的实践价值。

（5）以宏基因组测序技术为关键技术手段，研究 Pb 胁迫以及黄酮醇参与抗 Pb 的相关代谢通路。Pb 胁迫和外源施加黄酮醇均会造成基因表达量发生显著波动（下调/上调）；基于 CAZy 数据库、eggNOG 数据库和 GO 数据库分析发现，Pb 胁迫影响植物的能量代谢过程，黄酮醇参与的植物抗逆是耗能过程；Pb 胁迫干预信号传导及离子转运，黄酮醇激活植物防御及细胞膜系统；Pb 胁迫及黄酮醇施加均显著影响 Molecular Function、Biological Process 和 Cellular Component 三大过程，主要影响蛋白质的合成和降解过程，与氧化应激过程及重金属解毒作用密切相关；Kegg 通路分析研究发现，Pb 胁迫和施加黄酮醇激活了核黄素代谢途径，参与呼吸链中复合物 I 和复合物 II 的相关代谢反应，清除植物体内多余自由基；Pb 胁迫和施加黄酮醇促进了吡哆素代谢途径，吡哆素能显著增强植物对环境胁迫的抗逆性，Pb 胁迫所导致的植物侧根增加也与吡哆素代谢有关；Pb 胁迫下抗坏血酸代谢途径无显著变化而施加黄酮醇却显著激活抗坏血酸代谢途径，参与自由基清除，保护叶绿体以及膜系统；Pb 胁迫以及施加黄酮醇均显著激活谷胱甘肽代谢途径，缓解氧化损伤的同时，参与合成金属离子螯合素（PCs）；硫代谢途径在 Pb 胁迫以及黄酮醇施加后被显著激活，这主要与重金属解毒的含巯基肽类物质[植物螯合肽（PCs）、谷胱甘肽（GSH）和金属硫蛋白（MTs）等]有关；此外，ABC 转运代谢途径也被显著激活，不仅与氧化磷酸化途径以及植物能量代谢有关，更重要的是参与重金属转运过程；Pb 胁迫和施加黄酮醇均显著干预了植物呼吸链（NADH 氧化还原酶、琥珀酸氧化还原酶、细胞色素 C 氧化还原酶、细胞色素 C 氧化酶和 ATP 合成酶）关键基因，主要通过氧化磷酸化途径产生/消除 ROS。Pb 胁迫影响了光合磷酸化途径，施加黄酮醇后能够缓解 Pb 所造成的损伤。

8.2 创新点

（1）建立了基于尾矿库特殊污染场地的污染评价体系，揭示了重金属污染物在尾矿区土壤中的迁移转化规律；基于重金属的含量及形态变化特征，阐明其直接和潜在的环境风险。

（2）基于土壤微生物-植物系统研究，揭示了重金属铅对土壤微生物群落以及植物的毒性效应，建立了铅-土壤微生物和铅-植物之间的胁迫响应关系，阐明了重金属铅对土壤微生物和植物的致毒机理。

（3）构建了基于 *FLS1*（黄酮醇合成酶基因）的突变体和过表达植株，明确了黄酮醇在铅胁迫下的抗逆效应，揭示了黄酮醇参与植物抗铅的作用机理，阐明了 *FLS1* 在植物抗铅过程中的关键作用。

（4）利用宏基因组测序及分析技术，揭示了重金属铅的毒性效应相关的响应通路，阐明了在铅胁迫下，黄酮醇参与植物抗逆的相关代谢通路，解析了调控通路中的基因表达。

8.3 未来展望

开展重金属的污染分析及其生态毒理研究，对于建立完善的风险管控体系，以及保护环境安全及人类健康具有重要价值；深入研究重金属污染下的植物抗逆机制，并通过生物学方法强化植物的抗逆作用，对于土壤的原位修复以及保障农业生产和食品安全意义重大。本研究在上述领域仅取得初步性突破，有以下几个方面尚待探索：

（1）土壤环境中重金属污染物种类多样。本研究仅以重金属铅为研究对象，不能涵盖多种重金属污染的毒性特征，因此需要针对重金属复合污染，开展基于土壤-微生物-植物系统的生态毒性研究。

（2）重金属对植物的毒性作用机制复杂。本研究虽然在一定程度上阐明其毒性效应及机制，然而重金属在微生物-植物修复过程中的迁移转化及其作用靶点仍不明确，有待更进一步的研究。

（3）黄酮醇参与植物抗逆过程有其共性和特性。本研究虽然揭示了黄酮醇参与调控的相关代谢机制，然而并不能明确建立黄酮醇抗逆与重金属胁迫之间的特殊响应通路，因此需要进行深入探究。

（4）实验室研究与工程应用之间的差距。本研究明确了外源及内源增加黄酮醇能够有效提高植物抗逆性，然而本研究还停留在实验阶段，如何实现该技术的应用和推广仍待探索。

参考文献

[1] Barrett C B, Bevis L E. The self-reinforcing feedback between low soil fertility and chronic poverty[J]. Nature Geoscience, 2015, 8(12): 907.

[2] Wall D H, Nielsen U N, Six J. Soil biodiversity and human health[J]. Nature, 2015, 528(7580): 69.

[3] Mukherjee S, Juottonen H, Siivonen P, et al. Spatial patterns of microbial diversity and activity in an aged creosote-contaminated site[J]. The ISME Journal, 2014, 8(10): 2131.

[4] Li Z, Ma Z, Van Der Kuijp T J, et al. A review of soil heavy metal pollution from mines in China: pollution and health risk assessment[J]. Science of the Total Environment, 2014, 468: 843-853.

[5] Keenan T F, Migliavacca M, Papale D, et al. Widespread inhibition of daytime ecosystem respiration[J]. Nature Ecology & Evolution, 2019, 3: 407-415.

[6] Jonsson M, Bengtsson J, Gamfeldt L, et al. Levels of forest ecosystem services depend on specific mixtures of commercial tree species[J]. Nature Plants, 2019, 5(2): 141-147.

[7] Liu X, Song Q, Tang Y, et al. Human health risk assessment of heavy metals in soil–vegetable system: A multi-medium analysis[J]. Science of the Total Environment, 2013, 463: 530-540.

[8] Lu Y, Song S, Wang R, et al. Impacts of soil and water pollution on food safety and health risks in China[J]. Environment International, 2015, 77: 5-15.

[9] Xu X, Nie S, Ding H, et al. Environmental pollution and kidney diseases[J]. Nature Reviews Nephrology, 2018, 67: 15-25.

[10] Facchinelli A, Sacchi E, Mallen L. Multivariate statistical and GIS-based approach to identify heavy metal sources in soils[J]. Environmental Pollution, 2001, 114(3): 313-324.

[11] Cheng S. Heavy metal pollution in China: Origin, pattern and control[J]. Environmental Science and Pollution Research, 2003, 10(3): 192-198.

[12] Khan S, Cao Q, Zheng Y, et al. Health risks of heavy metals in contaminated soils and food crops irrigated with wastewater in Beijing, China[J]. Environmental Pollution, 2008, 152(3):

686-692.

[13] Hontela A, Dumont P, Duclos D, et al. Endocrine and metabolic dysfunction in yellow perch, Perca flavescens, exposed to organic contaminants and heavy metals in the St. Lawrence River[J]. Environ Toxicol Chem, 1995, 14(4): 725-731.

[14] Monna F, Lancelot J, Croudace I W, et al. Pb isotopic composition of airborne particulate material from France and the southern United Kingdom: Implications for Pb pollution sources in urban areas[J]. Environmental Science & Technology, 1997, 31(8): 2277-2286.

[15] Yang Z, Wang Y, Shen Z, et al. Distribution and speciation of heavy metals in sediments from the mainstream, tributaries, and lakes of the Yangtze River catchment of Wuhan, China[J]. Journal of Hazardous Materials, 2009, 166(2-3): 1186-1194.

[16] 周敏. 环境铅污染与铅毒危害[J]. 中国煤炭工业医学杂志，2005, 8(3): 207-209.

[17] 张磊, 宋凤斌, 王晓波. 中国城市土壤重金属污染研究现状及对策[J]. 生态环境学报, 2004, 13(2): 258-260.

[18] 宋伟, 陈百明, 刘琳. 中国耕地土壤重金属污染概况[J]. 水土保持研究, 2013, 20(2): 293-298.

[19] Rosen J F, Markowitz M E, Bijur P E, et al. L-line x-ray fluorescence of cortical bone lead compared with the CaNa2EDTA test in lead-toxic children: Public health implications[J]. Proc Natl Acad Sci U S A, 1989, 86(2): 685-689.

[20] 黎婵华, 罗京京, 彭健超, 等. 铅和镉单独或联合暴露致中枢神经毒性及机制研究进展[J]. 中国药理学与毒理学杂志, 2023, 37(6): 446.

[21] Song X B, Liu G, Liu F, et al. Autophagy blockade and lysosomal membrane permeabilization contribute to lead-induced nephrotoxicity in primary rat proximal tubular cells[J]. Cell Death Dis, 2017, 8(6): e2863.

[22] 赵国财. 重金属对畜产品安全的危害与对策[J]. 农业与技术, 2016, 36(9): 31-32.

[23] Gawel J E, Ahner B A, Friedland A J, et al. Role for heavy metals in forest decline indicated by phytochelatin measurements[J]. Nature, 1996, 381(6577): 64-65.

[24] 文晓慧. 重金属胁迫对植物的毒害作用[J]. 农业灾害研究, 2012, 2(11): 20-21.

[25] Hernández-Allica J, Garbisu C, Barrutia O, et al. EDTA-induced heavy metal accumulation and phytotoxicity in cardoon plants[J]. Environmental & Experimental Botany, 2007, 60(1): 26-32.

[26] Manusadzianas L, Maksimov G, Darginaviciene J, et al. Response of the charophyte Nitellopsis obtusa to heavy metals at the cellular, cell membrane, and enzyme levels[J]. Environ Toxicol, 2010, 17(3): 275-283.

[27] Madhava Rao K V, Sresty T V. Antioxidative parameters in the seedlings of pigeonpea [*Cajanus cajan* (L.)Millspaugh] in response to Zn and Ni stresses[J]. Plant Sci, 2000, 157(1): 113-128.

[28] Clijsters H, Assche F V. Inhibition of photosynthesis by heavy metals[J]. Photosynth Res, 1985, 7(1): 31-40.

[29] Szalontai B, Horváth L I, Debreczeny M, et al. Molecular rearrangements of thylakoids after heavy metal poisoning, as seen by Fourier transform infrared (FTIR) and electron spin resonance (ESR) spectroscopy[J]. Photosynth Res, 1999, 61(3): 241-252.

[30] Ralph P J, Burchett, et al. Photosynthetic response of Halophila ovalis to heavy metal stress[J]. Environmental Pollution, 1998, 103(1): 91-101.

[31] Jiang W S, Liu D H. Pb-induced cellular defense system in the root meristematic cells of *Allium sativum* L.[J]. BMC Plant Biol, 2010, 10(1): 40.

[32] Prado C, Rodríguezmontelongo L, González J A, et al. Uptake of chromium by *Salvinia minima*: effect on plant growth, leaf respiration and carbohydrate metabolism[J]. Journal of Hazardous Materials, 2010, 177(1): 546-553.

[33] Mo W. Effect of CdCl2 on the growth and mitosis of root tip cells in *Vicia faba*[J]. Chinese Bulletin of Botany, 1992, 9: 30-34.

[34] 葛才林, 杨小勇, 孙锦荷,等. 重金属胁迫引起的水稻和小麦幼苗 DNA 损伤[J]. 分子植物(英文版), 2002, 28(6): 419-424.

[35] Rasmussen P E, Brown J R, Grace P R, et al. Long-Term Agroecosystem Experiments: Assessing agricultural sustainability and global change[J]. Science, 1998, 282(5390): 893-896.

[36] Ray P, Datta S P, Dwivedi B S. Long-term irrigation with zinc smelter effluent affects important soil properties and heavy metal content in food crops and soil in Rajasthan, India[J]. Soil Science & Plant Nutrition, 2017, 63(1): 1-10.

[37] Rodríguez-Ortíz J C, Valdez-Cepeda R D, Lara-Mireles J L, et al. Soil nitrogen fertilization effects on phytoextraction of cadmium and lead by tobacco (*Nicotiana tabacum* L.)[J]. Biorem J, 2006, 10(3): 10.

[38] Sun G, Chen R, Liu H, et al. Advances on Investigation of effect of cadmium on photosynthesis and nitrogen metabolism of plant[J]. Chinese Agricultural Science Bulletin, 2005, 6(5): 17-26.

[39] Boominathan R, Doran P M. Cadmium tolerance and antioxidative defenses in hairy roots of the cadmium hyperaccumulator, Thlaspi caerulescens[J]. Biotechnol Bioeng, 2010, 83(2): 158-167.

[40] Sobrinoplata J, Meyssen D, Cuypers A, et al. Glutathione is a key antioxidant metabolite to cope with mercury and cadmium stress[J]. Plant & Soil, 2014, 377(1-2): 369-381.

[41] Tripathi B N, Gaur J P. Relationship between copper-and zinc-induced oxidative stress and proline accumulation in *Scenedesmus* sp.[J]. Planta, 2004, 219(3): 397-404.

[42] Ashraf M, Foolad M R. Roles of glycine betaine and proline in improving plant abiotic stress resistance[J]. Environmental & Experimental Botany, 2007, 59(2): 206-216.

[43] Azooz M M, Ismail A M, Elhamd M F A. Growth, lipid peroxidation and antioxidant enzyme activities as a selection criterion for the salt tolerance of maize cultivars grown under salinity stress[J]. Int J Agric Biol, 2009, 11(1): 572-577.

[44] Solanki R, Dhankhar R. Biochemical changes and adaptive strategies of plants under heavy metal stress[J]. Biologia, 2011, 66(2): 195-204.

[45] Lefebvre D D, Laliberte J F. Mammalian Metallothionein Functions in Plants[J]. Bio/technolgy, 1987, 5(10): 1053-1056.

[46] Grill E, Winnacker E L, Zenk M H. Phytochelatins: The principal heavy-metal complexing peptides of higher plants[J]. Science, 1985, 230(4726): 674-676.

[47] Muir S R, Collins G J, Robinson S, et al. Overexpression of petunia chalcone isomerase in tomato results in fruit containing increased levels of flavonols[J]. Nature Biotechnology, 2001, 19(5): 470-474.

[48] De-Yu X, Sharma S B, Paiva N L, et al. Role of anthocyanidin reductase, encoded by BANYULS in plant flavonoid biosynthesis[J]. Science, 2003, 299(5605): 396-399.

[49] Luo J, Butelli E, Hill L, et al. AtMYB12 regulates caffeoyl quinic acid and flavonol synthesis in tomato: expression in fruit results in very high levels of both types of polyphenol[J]. Plant Journal, 2010, 56(2): 316-326.

[50] Cao J, Chen W, Zhang Y, et al. Content of Selected Flavonoids in 100 Edible Vegetables and Fruits[J]. Food Science & Technology Research, 2010, 16(5): 395-402.

[51] Yonekura-Sakakibara K, Tohge T, Matsuda F, et al. Comprehensive flavonol profiling and transcriptome coexpression analysis leading to decoding gene-metabolite correlations in Arabidopsis[J]. The Plant Cell, 2008, 20(8): 2160-2176.

[52] Bjeldanes L F, Chang G W. Mutagenic activity of quercetin and related compounds[J]. Science, 1977, 197(4303): 577-578.

[53] Treutter D. Significance of flavonoids in plant resistance: A review[J]. Environmental Chemistry Letters, 2006, 4(3): 147.

[54] Cesco S, Neumann G, Tomasi N, et al. Release of plant-borne flavonoids into the rhizosphere and their role in plant nutrition[J]. Plant & Soil, 2010, 329(1/2): 1-25.

[55] Vasquez-Robinet C, Mane S P, Ulanov A V, et al. Physiological and molecular adaptations to drought in Andean potato genotypes[J]. Journal of Experimental Botany, 2008, 59(8): 2109-2123.

[56] Ma D, Sun D, Wang C, et al. Expression of flavonoid biosynthesis genes and accumulation of flavonoid in wheat leaves in response to drought stress[J]. Plant Physiol Biochem, 2014, 80: 60-66.

[57] Dardanelli M S, De Cordoba F J F, Espuny M R, et al. Effect of Azospirillum brasilense coinoculated with Rhizobium on Phaseolus vulgaris flavonoids and Nod factor production under salt stress[J]. Soil Biol Biochem, 2008, 40(11): 2713-2721.

[58] Walia H, Wilson C, Condamine P, et al. Comparative transcriptional profiling of two contrasting rice genotypes under salinity stress during the vegetative growth stage[J]. Plant Physiol, 2005, 139(2): 822-835.

[59] Walia H, Wilson C, Zeng L, et al. Genome-wide transcriptional analysis of salinity stressed japonica and indica rice genotypes during panicle initiation stage[J]. Plant Molecular Biology, 2007, 63(5): 609-623.

[60] Wahid A, Close T. Expression of dehydrins under heat stress and their relationship with water relations of sugarcane leaves[J]. Biol Plant, 2007, 51(1): 104-109.

[61] Wahid A, Ghazanfar A. Possible involvement of some secondary metabolites in salt tolerance of sugarcane[J]. J Plant Physiol, 2006, 163(7): 723-730.

[62] Middleton E M, Teramura A H. The role of flavonol glycosides and carotenoids in protecting soybean from ultraviolet-B damage[J]. Plant Physiol, 1993, 103(3): 741-752.

[63] Ibdah M, Krins A, Seidlitz H, et al. Spectral dependence of flavonol and betacyanin accumulation in Mesembryanthemum crystallinum under enhanced ultraviolet radiation[J]. Plant, Cell & Environment, 2002, 25(9): 1145-1154.

[64] Ebisawa M, Shoji K, Kato M, et al. Supplementary ultraviolet radiation B together with blue light at night increased quercetin content and flavonol synthase gene expression in leaf lettuce (*Lactuca sativa* L.)[J]. Environmental Control in Biology, 2008, 46(1): 1-11.

[65] Stapleton A E, Walbot V. Flavonoids can protect maize DNA from the induction of ultraviolet radiation damage[J]. Plant Physiol, 1994, 105(3): 881-889.

[66] Winkel-Shirley B. Biosynthesis of flavonoids and effects of stress[J]. Curr Opin Plant Biol, 2002, 5(3): 218-223.

[67] Bozin B, Mimica-Dukic N, Samojlik I, et al. Phenolics as antioxidants in garlic (*Allium sativum*

L., Alliaceae)[J]. Food Chem, 2008, 111(4): 925-929.

[68] Larsen P B, Degenhardt J, Tai C Y, et al. Aluminum-resistant Arabidopsis mutants that exhibit altered patterns of aluminum accumulation and organic acid release from roots[J]. Plant Physiol, 1998, 117(1): 9-17.

[69] 阎秀峰, 王洋, 李一蒙. 植物次生代谢及其与环境的关系[J]. 生态学报, 2007(6):191-207.

[70] 王俊儒, 韦成才, 龚月桦, 等. 根黄酮在植物生长和营养中的作用[J]. 植物学报, 1998, 15(增刊): 68-71.

[71] 曹纬国, 刘志勤, 邵云, 等. 黄酮类化合物药理作用的研究进展[J]. 西北植物学报, 2003, 23(12):2241-2247.

[72] 杨彩霞, 田春莲, 耿健, 等. 黄酮类化合物抗菌作用及机制的研究进展[J]. 中国畜牧兽医, 2014, 41(9): 158-162.

[73] Jones D L. Organic acids in the rhizosphere-a critical review[J]. Plant & Soil, 1998, 205(1): 25-44.

[74] Rovira A D. Plant root exudates[J]. The Botanical Review, 1969, 35(1): 35-57.

[75] Bais H P, Weir T L, Perry L G, et al. The role of root exudates in rhizosphere interactions with plants and other organisms[J]. Annu Rev Plant Biol, 2006, 57: 233-266.

[76] Whipps J M. Microbial interactions and biocontrol in the rhizosphere[J]. Journal of Experimental Botany, 2001, 52(Spec Issue): 487-511.

[77] Broeckling C D, Broz A K, Bergelson J, et al. Root exudates regulate soil fungal community composition and diversity[J]. Appl Environ Microbiol, 2008, 74(3): 738-744.

[78] Steinkellner S, Lendzemo V, Langer I, et al. Flavonoids and strigolactones in root exudates as signals in symbiotic and pathogenic plant-fungus interactions[J]. Molecules, 2007, 12(7): 1290-1306.

[79] Walker T S, Bais H P, Grotewold E, et al. Root exudation and rhizosphere biology[J]. Plant Physiol, 2003, 132(1): 44-51.

[80] Ryu C M. Rhizosphere bacteria help plants tolerate abiotic stress[J]. Trends in Plant Science, 2009, 14(1): 1-4.

[81] Schuhegger R, Ihring A, Gantner S, et al. Induction of systemic resistance in tomato by N-acyl-L-homoserine lactone-producing rhizosphere bacteria[J]. Plant Cell & Environment, 2010, 29(5): 909-918.

[82] Eisenhauer N, Beller H, Engels C, et al. Plant diversity effects on soil microorganisms support the singular hypothesis[J]. Ecology, 2010, 91(2): 485-496.

[83] Lugtenberg B, Kamilova F. Plant-growth-promoting rhizobacteria[J]. Annu Rev Microbiol, 2009, 63: 541-556.

[84] Berg G. Plant-microbe interactions promoting plant growth and health: Perspectives for controlled use of microorganisms in agriculture[J]. Applied Microbiology and Biotechnology, 2009, 84(1): 11-18.

[85] Kuffner M, Puschenreiter M, Wieshammer G, et al. Rhizosphere bacteria affect growth and metal uptake of heavy metal accumulating willows[J]. Plant and Soil, 2008, 304(1-2): 35-44.

[86] Zhang X, Yang H, Cui Z. Mucor circinelloides: Efficiency of bioremediation response to heavy metal pollution[J]. Toxicology Research, 2017, 6(4): 442-447.

[87] 刘恩科. 长期施肥对土壤微生物量及土壤酶活性的影响[J]. 植物生态学报, 2008, 32(1): 176-182.

[88] 王美溪, 刘珂艺, 邢亚娟. 气候变化背景下土壤微生物与植物物种多样性关联分析[J]. 中国农学通报, 2018, 34(20).

[89] 章家恩, 刘文高. 微生物资源的开发利用与农业可持续发展[J]. 生态环境学报, 2001, 10(2): 154-157.

[90] 胡智勇, 陆开宏, 梁晶晶. 根际微生物在污染水体植物修复中的作用[J]. 环境科学与技术, 2010, 33(5): 75-80.

[91] Handelsman J. Metagenomics: Application of genomics to uncultured microorganisms[J]. Microbiol Mol Biol Rev, 2004, 68(4): 669-685.

[92] Schmidt M W, Torn M S, Abiven S, et al. Persistence of soil organic matter as an ecosystem property[J]. Nature, 2011, 478(7367): 49.

[93] Arrigo K R. Marine microorganisms and global nutrient cycles[J]. Nature, 2004, 437(7057): 349.

[94] Boetius A, Anesio A M, Deming J W, et al. Microbial ecology of the cryosphere: Sea ice and glacial habitats[J]. Nature Reviews Microbiology, 2015, 13(11): 677.

[95] Moore G T. Microorganisms of the soil[J]. Science, 1912, 36(932): 609-616.

[96] Schloss P D, Handelsman J. Metagenomics for studying unculturable microorganisms: Cutting the Gordian knot[J]. Genome Biology, 2005, 6(8): 229.

[97] Qin J, Li Y, Cai Z, et al. A metagenome-wide association study of gut microbiota in type 2 diabetes[J]. Nature, 2012, 490(7418): 55.

[98] Huson D H, Auch A F, Qi J, et al. MEGAN analysis of metagenomic data[J]. Genome Res, 2007, 17(3): 377-386.

[99] Schmieder R, Edwards R. Quality control and preprocessing of metagenomic datasets[J]. Bioinformatics, 2011, 27(6): 863-864.

[100] Kozich J J, Westcott S L, Baxter N T, et al. Development of a dual-index sequencing strategy and curation pipeline for analyzing amplicon sequence data on the MiSeq Illumina sequencing platform[J]. Appl Environ Microbiol, 2013, 79(17): 5112-5120.

[101] Langendijk P S, Schut F, Jansen G J, et al. Quantitative fluorescence in situ hybridization of *Bifidobacterium* spp. with genus-specific 16S rRNA-targeted probes and its application in fecal samples[J]. Appl Environ Microbiol, 1995, 61(8): 3069-3075.

[102] Venter J C, Remington K, Heidelberg J F, et al. Environmental genome shotgun sequencing of the Sargasso Sea[J]. Science, 2004, 304(5667): 66-74.

[103] Fan H C, Blumenfeld Y J, Chitkara U, et al. Noninvasive diagnosis of fetal aneuploidy by shotgun sequencing DNA from maternal blood[J]. Proceedings of the National Academy of Sciences, 2008, 105(42): 16266-16271.

[104] Tringe S G, Von Mering C, Kobayashi A, et al. Comparative metagenomics of microbial communities[J]. Science, 2005, 308(5721): 554-557.

[105] Grayston S J, Wang S, Campbell C D, et al. Selective influence of plant species on microbial diversity in the rhizosphere[J]. Soil Biol Biochem, 1998, 30(3): 369-378.

[106] 夏青, 梁钰. 我国矿产资源开发利用现状分析及开发举措[J]. 技术经济, 2004 (6): 24-25.

[107] 雷文. 加强规划积极开展尾矿综合利用[J]. 再生资源与循环经济, 2010, 3(12): 5-7.

[108] 陈军, 成金华. 中国矿产资源开发利用的环境影响[J]. 中国人口·资源与环境, 2015, 25(3): 111-119.

[109] 鲍瑞雪, 陈松, 吴超, 等. 尾矿库重金属污染物迁移的现代数值模拟方法[J]. 中国安全科学学报, 2010, 20(12): 39-45.

[110] 王威威. 尾矿库对环境的影响及防治对策[J]. 科学技术创新, 2011 (20): 155-155.

[111] 姜勇. 土壤污染调查布点及样品采集技术研究[J]. 科技资讯, 2009, 29: 137-138.

[112] 李强, 赵秀兰, 胡彩荣. ISO 10390:2005 土壤质量 pH 的测定[J]. 污染防治技术, 2006 (1): 53-55.

[113] 刘惠清, 许嘉巍, 刘佳雪. 针阔混交林次生演替过程中的群落组成及元素迁移特征[J]. 地理研究, 2008, 27(6).

[114] 张宪茹, 曲均峰. ASI 法测定土壤有机质与国标法的相关性研究[J]. 磷肥与复肥, 2009, 24(4): 81-82.

[115] 刘多森, 李伟波. 土壤容重和孔隙度的简易测定法[J]. 土壤通报, 1983 (4).

[116] Pérez-Cid B, Lavilla I, Bendicho C. Application of microwave extraction for partitioning of heavy metals in sewage sludge[J]. Analytica Chimica Acta, 1999, 378(1-3): 201-210.

[117] Rauret G. Extraction procedures for the determination of heavy metals in contaminated soil and sediment[J]. Talanta, 1998, 46(3): 449-455.

[118] Zhang X, Yang H, Cui Z. Evaluation and analysis of soil migration and distribution characteristics of heavy metals in iron tailings[J]. Journal of Cleaner Production, 2018, 172: 475-480.

[119] Cheng J L, Zhou S, Zhu Y W. Assessment and mapping of environmental quality in agricultural soils of Zhejiang Province,China[J]. Journal of Environmental Sciences, 2007, 19(1): 50-54.

[120] Zhang X, Yang H, Cui Z. Migration and speciation of heavy metal in salinized mine tailings affected by iron mining[J]. Water Sci Technol, 2017, 76(7): 1867-1874.

[121] Hu L, Cadot S, et al. Root exudate metabolites drive plant-soil feedbacks on growth and defense by shaping the rhizosphere microbiota[J]. Nature Communications, 2018, 9(1): 2738-2751.

[122] Zafra G, Taylor T D, Absalón A E, et al. Comparative metagenomic analysis of PAH degradation in soil by a mixed microbial consortium[J]. Journal of Hazardous Materials, 2016, 318: 702-710.

[123] Liu Y R, Delgado-Baquerizo M, Bi L, et al. Consistent responses of soil microbial taxonomic and functional attributes to mercury pollution across China[J]. Microbiome, 2018, 6(1): 183.

[124] Jiao S, Liu Z, Lin Y, et al. Bacterial communities in oil contaminated soils: Biogeography and co-occurrence patterns[J]. Soil Biology & Biochemistry, 2016, 98: 64-73.

[125] Sandaa R A, Torsvik V, Enger Influence of long-term heavy-metal contamination on microbial communities in soil[J]. Soil Biology & Biochemistry, 2001, 33(3): 287-295.

[126] Zhang X, Yang H, Cui Z. Assessment on cadmium and lead in soil based on a rhizosphere microbial community[J]. Toxicology Research, 2017, 6(5): 671-677.

[127] Kandeler E, Gerber H. Short-term assay of soil urease activity using colorimetric determination of ammonium[J]. Biol Fertil Soils, 1988, 6(1): 68-72.

[128] Rodriguez-Kabana R, Truelove B. The determination of soil catalase activity[J]. Enzymologia, 1970, 39(4): 217.

[129] Anders S, Pyl P T, Huber W. Python framework to work with high-throughput sequencing data[J]. Bioinformatics, 2015, 31(2): 166-169.

[130] Signori C N, Thomas F, Enrichprast A, et al. Microbial diversity and community structure across environmental gradients in Bransfield Strait, Western Antarctic Peninsula[J]. Frontiers in

Microbiology, 2014, 5(647): 647-647.

[131] Nicola I, Cerutti F, Grego E, et al. Characterization of the upper and lower respiratory tract microbiota in Piedmontese calves[J]. Microbiome, 2017, 5(1): 152.

[132] Dray S, Legendre P, Peres-Neto P R. Spatial modelling: A comprehensive framework for principal coordinate analysis of neighbour matrices (PCNM)[J]. Ecological Modelling, 2006, 196(3): 483-493.

[133] Hill M O, Jr H G G. Detrended correspondence analysis: An improved ordination technique[J]. Vegetatio, 1980, 42(1/3): 47-58.

[134] Brown M V, Philip G K, Bunge J A, et al. Microbial community structure in the North Pacific ocean[J]. The ISME Journal, 2009, 3(12): 1374.

[135] Schloss P D, Handelsman J. Introducing DOTUR, a computer program for defining operational taxonomic units and estimating species richness[J]. Appl Environ Microbiol, 2005, 71(3): 1501-1506.

[136] Shaw B, Sahu S, Mishra R. Heavy metal induced oxidative damage in terrestrial plants, Heavy metal stress in plants[M]. Springer, 2004.

[137] Bittell J, Koeppe D, Miller R J. Sorption of heavy metal cations by corn mitochondria and the effects on electron and energy transfer reactions[J]. Physiol Plant, 1974, 30(3): 226-230.

[138] Clijsters H, Van Assche F. Inhibition of photosynthesis by heavy metals[J]. Photosynth Res, 1985, 7(1): 31-40.

[139] Sytar O, Kumar A, Latowski D, et al. Heavy metal-induced oxidative damage, defense reactions, and detoxification mechanisms in plants[J]. Acta Physiologiae Plantarum, 2013, 35(4): 985-999.

[140] Devi S R, Prasad M. Membrane lipid alterations in heavy metal exposed plants, Heavy metal stress in plants[M]. Springer, 1999.

[141] Zhang X, Li M, Yang H, et al. Physiological responses of Suaeda glauca and Arabidopsis thaliana in phytoremediation of heavy metals[J]. Journal of Environmental Management, 2018, 223: 132-139.

[142] Schützendübel A, Polle A. Plant responses to abiotic stresses: Heavy metal-induced oxidative stress and protection by mycorrhization[J]. Journal of Experimental Botany, 2002, 53(372): 1351-1365.

[143] Bhaduri, Anwesha M, Fulekar, et al. Antioxidant enzyme responses of plants to heavy metal stress[J]. Reviews in Environmental Science & Bio/technology, 2012, 11(1): 55-69.

[144] Cobbett C, Goldsbrough P. Phytochelatins and metallothioneins: Roles in heavy metal

detoxification and homeostasis[J]. Annu Rev Plant Biol, 2002, 53(1): 159.

[145] Roosens N H, Verbruggen N. Variations in plant metallothioneins: The heavy metal hyperaccumulator Thlaspi caerulescens as a study case[J]. Planta, 2005, 222(4): 716-729.

[146] Zhang X, Henriques R, Lin S S, et al. Agrobacterium-mediated transformation of Arabidopsis thaliana using the floral dip method[J]. Nat Protoc, 2006, 1(2): 641.

[147] Pei Z M, Kuchitsu K, Ward J M, et al. Differential abscisic acid regulation of guard cell slow anion channels in Arabidopsis wild-type and abi1 and abi2 mutants[J]. Plant Cell, 1997, 9(3): 409-423.

[148] Vandenabeele S, Vanderauwera S, Vuylsteke M, et al. Catalase deficiency drastically affects gene expression induced by high light in Arabidopsis thaliana[J]. The Plant Journal, 2004, 39(1): 45-58.

[149] Alscher R G, Erturk N, Heath L S. Role of superoxide dismutases (SODs) in controlling oxidative stress in plants[J]. Journal of Experimental Botany, 2002, 53(372): 1331-1341.

[150] Mcclung C R. Regulation of catalases in Arabidopsis[J]. Free Radical Biol Med, 1997, 23(3): 489-496.

[151] Iqbal A, Yabuta Y, Takeda T, et al. Hydroperoxide reduction by thioredoxin-specific glutathione peroxidase isoenzymes of Arabidopsis thaliana[J]. The FEBS Journal, 2006, 273(24): 5589-5597.

[152] Cho U H, Seo N H. Oxidative stress in Arabidopsis thaliana exposed to cadmium is due to hydrogen peroxide accumulation[J]. Plant Sci, 2005, 168(1): 113-120.

[153] Weber H, Chételat A, Reymond P, et al. Selective and powerful stress gene expression in Arabidopsis in response to malondialdehyde[J]. The Plant Journal, 2004, 37(6): 877-888.

[154] Zhou J, Goldsbrough P B. Functional homologs of fungal metallothionein genes from Arabidopsis[J]. The Plant Cell, 1994, 6(6): 875-884.

[155] Zhang J, Jia W, Yang J, et al. Role of ABA in integrating plant responses to drought and salt stresses[J]. Field Crops Research, 2006, 97(1): 111-119.

[156] Finkelstein R R, Somerville C R. Three classes of abscisic acid (ABA)-insensitive mutations of Arabidopsis define genes that control overlapping subsets of ABA responses[J]. Plant Physiol, 1990, 94(3): 1172-1179.

[157] Yuan T T, Xu H H, Zhang K X, et al. Glucose inhibits root meristem growth via ABA INSENSITIVE 5, which represses PIN1 accumulation and auxin activity in Arabidopsis[J]. Plant Cell & Environment, 2014, 37(6): 1338-1350.

[158] Suzuki N, Koussevitzky S, Mittler R, et al. ROS and redox signalling in the response of plants to abiotic stress[J]. Plant, Cell & Environment, 2012, 35(2): 259-270.

[159] Luo Y, Liu Y B, Dong Y X, et al. Expression of a putative alfalfa helicase increases tolerance to abiotic stress in Arabidopsis by enhancing the capacities for ROS scavenging and osmotic adjustment[J]. J Plant Physiol, 2009, 166(4): 385-394.

[160] Sharma P, Jha A B, Dubey R S, et al. Reactive oxygen species, oxidative damage, and antioxidative defense mechanism in plants under stressful conditions[J]. Journal of Botany, 2012, 11(7): 106-118.

[161] Bailly C. Active oxygen species and antioxidants in seed biology[J]. Seed Science Research, 2004, 14(2): 93-107.

[162] Roxas V P, Lodhi S A, Garrett D K, et al. Stress tolerance in transgenic tobacco seedlings that overexpress glutathione S-transferase/glutathione peroxidase[J]. Plant Cell Physiol, 2000, 41(11): 1229-1234.

[163] Lee Y P, Kim S H, Bang J W, et al. Enhanced tolerance to oxidative stress in transgenic tobacco plants expressing three antioxidant enzymes in chloroplasts[J]. Plant Cell Reports, 2007, 26(5): 591-598.

[164] Shu S, Yuan L Y, Guo S R, et al. Effects of exogenous spermine on chlorophyll fluorescence, antioxidant system and ultrastructure of chloroplasts in Cucumis sativus L. under salt stress[J]. Plant Physiol Biochem, 2013, 63: 209-216.

[165] Cakmak I, Horst W J. Effect of aluminium on lipid peroxidation, superoxide dismutase, catalase, and peroxidase activities in root tips of soybean (Glycine max)[J]. Physiol Plant, 1991, 83(3): 463-468.

[166] Demiral T, Türkan I. Comparative lipid peroxidation, antioxidant defense systems and proline content in roots of two rice cultivars differing in salt tolerance[J]. Environmental and Experimental Botany, 2005, 53(3): 247-257.

[167] Kärenlampi S, Schat H, Vangronsveld J, et al. Genetic engineering in the improvement of plants for phytoremediation of metal polluted soils[J]. Environmental Pollution, 2000, 107(2): 225-231.

[168] Reddy G N, Prasad M. Heavy metal-binding proteins/peptides: Occurrence, structure, synthesis and functions. A review[J]. Environmental and Experimental Botany, 1990, 30(3): 251-264.

[169] Wu G, Kang H, Zhang X, et al. A critical review on the bio-removal of hazardous heavy metals from contaminated soils: Issues, progress, eco-environmental concerns and opportunities[J].

Journal of Hazardous Materials, 2010, 174(1-3): 1-8.

[170] Škerget M, Kotnik P, Hadolin M, et al. Phenols, proanthocyanidins, flavones and flavonols in some plant materials and their antioxidant activities[J]. Food Chem, 2005, 89(2): 191-198.

[171] Mo Y, Nagel C, Taylor L P. Biochemical complementation of chalcone synthase mutants defines a role for flavonols in functional pollen[J]. Proceedings of the National Academy of Sciences, 1992, 89(15): 7213-7217.

[172] Owens D K, Alerding A B, Crosby K C, et al. Functional analysis of a predicted flavonol synthase gene family in Arabidopsis[J]. Plant Physiol, 2008, 147(3): 1046-1061.

[173] Shaw L J, Morris P, Hooker J E. Perception and modification of plant flavonoid signals by rhizosphere microorganisms[J]. Environmental Microbiology, 2006, 8(11): 1867-1880.

[174] Fini A, Brunetti C, Di Ferdinando M, et al. Stress-induced flavonoid biosynthesis and the antioxidant machinery of plants[J]. Plant Signaling & Behavior, 2011, 6(5): 709-711.

[175] Hernández I, Alegre L, Van Breusegem F, et al. How relevant are flavonoids as antioxidants in plants?[J]. Trends in Plant Science, 2009, 14(3): 125-132.

[176] Cho M, Chardonnens A N, Dietz K J. Differential heavy metal tolerance of Arabidopsis halleri and Arabidopsis thaliana: A leaf slice test[J]. New Phytologist, 2003, 158(2): 287-293.

[177] Saslowsky D E, Warek U, Winkel B S. Nuclear localization of flavonoid enzymes in Arabidopsis[J]. Journal of Biological Chemistry, 2005, 280(25): 23735-23740.

[178] Kim W, Ahn H J, Chiou T J, et al. The role of the miR399-PHO2 module in the regulation of flowering time in response to different ambient temperatures in Arabidopsis thaliana[J]. Mol Cells, 2011, 32(1): 83-88.

[179] Santos C V. Regulation of chlorophyll biosynthesis and degradation by salt stress in sunflower leaves[J]. Scientia Horticulturae, 2004, 103(1): 93-99.

[180] Martens S, Preuß A, Matern U. Multifunctional flavonoid dioxygenases: Flavonol and anthocyanin biosynthesis in *Arabidopsis thaliana* L.[J]. Phytochemistry, 2010, 71(10): 1040-1049.

[181] Fujita A, Goto-Yamamoto N, Aramaki I, et al. Organ-specific transcription of putative flavonol synthase genes of grapevine and effects of plant hormones and shading on flavonol biosynthesis in grape berry skins[J]. Biosci Biotechnol Biochem, 2006, 70(3): 632-638.

[182] Zhang C, Liu H, Jia C, et al. Cloning, characterization and functional analysis of a flavonol synthase from *Vaccinium corymbosum*[J]. Trees, 2016, 30(5): 1595-1605.

[183] Wang F, Kong W, Wong G, et al. AtMYB12 regulates flavonoids accumulation and abiotic stress

tolerance in transgenic *Arabidopsis thaliana*[J]. Molecular genetics and genomics, 2016, 291(4): 1545-1559.

[184] Kuhn B M, Geisler M, Bigler L, et al. Flavonols accumulate asymmetrically and affect auxin transport in Arabidopsis[J]. Plant Physiol, 2011, 156(2): 585-595.

[185] Kuhn B M, Errafi S, Bucher R, et al. 7-Rhamnosylated flavonols modulate homeostasis of the plant hormone auxin and affect plant development[J]. Journal of Biological Chemistry, 2016, 291(10): 5385-5395.

[186] Nguyen N H, Kim J H, Kwon J, et al. Characterization of Arabidopsis thaliana FLAVONOL SYNTHASE 1 (FLS1)-overexpression plants in response to abiotic stress[J]. Plant Physiol Biochem, 2016, 103: 133-142.

[187] Ringli C, Bigler L, Kuhn B M, et al. The modified flavonol glycosylation profile in the Arabidopsis rol1 mutants results in alterations in plant growth and cell shape formation[J]. The Plant Cell, 2008, 20(6): 1470-1481.

[188] Mattila P, Astola J, Kumpulainen J. Determination of flavonoids in plant material by HPLC with diode-array and electro-array detections[J]. J Agric Food Chem, 2000, 48(12): 5834-5841.

[189] Gelhaye E, Rouhier N, Gérard J, et al. A specific form of thioredoxin h occurs in plant mitochondria and regulates the alternative oxidase[J]. Proceedings of the National Academy of Sciences, 2004, 101(40): 14545-14550.

[190] Santelia D, Henrichs S, Vincenzetti V, et al. Flavonoids redirect PIN-mediated polar auxin fluxes during root gravitropic responses[J]. Journal of Biological Chemistry, 2008, 283(45): 31218-31226.

[191] Rusak G, Cerni S, Polancec D S, et al. The responsiveness of the IAA2 promoter to IAA and IBA is differentially affected in Arabidopsis roots and shoots by flavonoids[J]. Biol Plant, 2010, 54(3): 403-414.

[192] Maxwell D P, Wang Y, Mcintosh L. The alternative oxidase lowers mitochondrial reactive oxygen production in plant cells[J]. Proceedings of the National Academy of Sciences, 1999, 96(14): 8271-8276.

[193] Aken O V, Pogson B J. Convergence of mitochondrial and chloroplastic ANAC017|[sol]| PAP-dependent retrograde signalling pathways and suppression of programmed cell death[J]. Cell Death Differ, 2017, 24(6): 955.

[194] Huang X, Von Rad U, Durner J. Nitric oxide induces transcriptional activation of the nitric oxide-tolerant alternative oxidase in Arabidopsis suspension cells[J]. Planta, 2002, 215(6):

914-923.

[195] Zhang X, Yang H, Cui Z. Alleviating effect and mechanism of flavonols in Arabidopsis resistance under Pb-HBCD stress[J]. ACS Sustainable Chemistry & Engineering, 2017, 5(11): 11034-11041.

[196] Zhang L T, Zhang Z S, Gao H Y, et al. The mitochondrial alternative oxidase pathway protects the photosynthetic apparatus against photodamage in Rumex K-1 leaves[J]. BMC Plant Biol, 2012, 12(1): 40.

[197] Falcone Ferreyra M L, Rius S, Casati P. Flavonoids: Biosynthesis, biological functions, and biotechnological applications[J]. Frontiers in Plant Science, 2012, 3: 222.

[198] Bonnet E, Wuyts J, Rouzé P, et al. Detection of 91 potential conserved plant micro RNAs in *Arabidopsis thaliana* and *Oryza sativa* identifies important target genes[J]. Proceedings of the National Academy of Sciences, 2004, 101(31): 11511-11516.

[199] Wang Z Y, Zhao F F, Zhang B Q, et al. Rhizosphere effect of three halophytes in the Yellow River Delta on nitrogen and phosphorus[J]. Environmental Science & Technology, 2010, 33(10): 33-38.

[200] Brandt K K, Sjøholm O R, Krogh K A, et al. Increased Pollution-Induced Bacterial Community Tolerance to Sulfadiazine in Soil Hotspots Amended with Artificial Root Exudates[J]. Environmental Science & Technology, 2009, 43(8): 2963-2968.

[201] Tiwari S, Singh P, Tiwari R, et al. Salt-tolerant rhizobacteria-mediated induced tolerance in wheat (*Triticum aestivum*) and chemical diversity in rhizosphere enhance plant growth[J]. Biol Fertil Soils, 2011, 47(8): 907.

[202] Ahmad F, Ahmad I, Khan M. Screening of free-living rhizospheric bacteria for their multiple plant growth promoting activities[J]. Microbiol Res, 2008, 163(2): 173-181.

[203] Richardson A E, Barea J-M, Mcneill A M, et al. Acquisition of phosphorus and nitrogen in the rhizosphere and plant growth promotion by microorganisms[J]. Plant and Soil, 2009, 321(1-2): 305-339.

[204] Yang J, Kloepper J W, Ryu C M. Rhizosphere bacteria help plants tolerate abiotic stress[J]. Trends in Plant Science, 2009, 14(1): 1-4.

[205] Burd G I, Dixon D G, Glick B R. Plant growth-promoting bacteria that decrease heavy metal toxicity in plants[J]. Can J Microbiol, 2000, 46(3): 237-245.

[206] Min L, Xu Z, Yang H, et al. Soil sustainable utilization technology: Mechanism of flavonols in resistance process of heavy metal[J]. Environmental Science & Pollution Research, 2018, 25:

26669-26681.

[207] Teixeira L C, Peixoto R S, Cury J C, et al. Bacterial diversity in rhizosphere soil from Antarctic vascular plants of Admiralty Bay, maritime Antarctica[J]. The ISME Journal, 2010, 4(8): 989.

[208] Unno Y, Shinano T. Metagenomic analysis of the rhizosphere soil microbiome with respect to phytic acid utilization[J]. Microbes and Environments, 2012, 3: 6-16.

[209] Trapnell C, Roberts A, Goff L, et al. Differential gene and transcript expression analysis of RNA-seq experiments with TopHat and Cufflinks[J]. Nat Protoc, 2012, 7(3): 562.

[210] Cantarel B L, Coutinho P M, Rancurel C, et al. The Carbohydrate-Active EnZymes database (CAZy): An expert resource for glycogenomics[J]. Nucleic acids research, 2008, 37(suppl_1): D233-D238.

[211] Muller J, Szklarczyk D, Julien P, et al. eggNOG v2. 0: Extending the evolutionary genealogy of genes with enhanced non-supervised orthologous groups, species and functional annotations[J]. Nucleic acids research, 2009, 38(suppl_1): D190-D195.

[212] Schinkel A H, Jonker J W. Mammalian drug efflux transporters of the ATP binding cassette (ABC) family: An overview[J]. Advanced Drug Delivery Reviews, 2012, 64: 138-153.

[213] Kim D Y, Bovet L, Maeshima M, et al. The ABC transporter AtPDR8 is a cadmium extrusion pump conferring heavy metal resistance[J]. The Plant Journal, 2007, 50(2): 207-218.

[214] Ashburner M, Ball C A, Blake J A, et al. Gene ontology: Tool for the unification of biology[J]. Nat Genet, 2000, 25(1): 25.

[215] Consortium G O. The Gene Ontology (GO) database and informatics resource[J]. Nucleic Acids Research, 2004, 32(suppl_1): D258-D261.

[216] Pinto J T, Rivlin R S: Riboflavin (vitamin B_2), Handbook of vitamins[M]. CRC Press, 2013.

[217] Giancaspero T A, Locato V, De Pinto M C, et al. The occurrence of riboflavin kinase and FAD synthetase ensures FAD synthesis in tobacco mitochondria and maintenance of cellular redox status[J]. The FEBS Journal, 2009, 276(1): 219-231.

[218] Sevrioukova I F, Li H, Zhang H, et al. Structure of a cytochrome P450-redox partner electron-transfer complex[J]. Proceedings of the National Academy of Sciences, 1999, 96(5): 1863-1868.

[219] Weiss H, Friedrich T, Hofhaus G, et al. The respiratory-chain NADH dehydrogenase (complex I) of mitochondria, EJB Reviews 1991[M]. Springer, 1991.

[220] Deisenhofer J. DNA photolyases and cryptochromes[J]. Mutation Research/DNA Repair, 2000, 460(3-4): 143-149.

[221] Sancar A. Structure and function of DNA photolyase[J]. Biochemistry, 1994, 33(1): 2-9.

[222] Jain S K, Lim G. Pyridoxine and pyridoxamine inhibits superoxide radicals and prevents lipid peroxidation, protein glycosylation, and ATPase activity reduction in high glucose-treated human erythrocytes[J]. Free Radical Biol Med, 2001, 30(3): 232-237.

[223] Huang S, Zhang J, Wang L, et al. Effect of abiotic stress on the abundance of different vitamin B6 vitamers in tobacco plants[J]. Plant Physiol Biochem, 2013, 66: 63-67.

[224] Zhu B, Su J, Chang M, et al. Overexpression of a Δ1-pyrroline-5-carboxylate synthetase gene and analysis of tolerance to water-and salt-stress in transgenic rice[J]. Plant Sci, 1998, 139(1): 41-48.

[225] Hinchee M A, Rost T L. The control of lateral root development in cultured pea seedlings. I. The role of seedling organs and plant growth regulators[J]. Bot Gaz, 1986, 147(2): 137-147.

[226] Conklin P L, Norris S R, Wheeler G L, et al. Genetic evidence for the role of GDP-mannose in plant ascorbic acid (vitamin C) biosynthesis[J]. Proc Natl Acad Sci U S A, 1999, 96(7): 4198-4203.

[227] Khan T A, Mazid M, Mohammad F. A review of ascorbic acid potentialities against oxidative stress induced in plants[J]. Journal of Agrobiology, 2011, 28(2): 97-111.

[228] Mehlhorn H, Lelandais M, Korth H G, et al. Ascorbate is the natural substrate for plant peroxidases[J]. FEBS Lett, 1996, 378(3): 203-206.

[229] Akram N A, Shafiq F, Ashraf M. Ascorbic acid-a potential oxidant scavenger and its role in plant development and abiotic stress tolerance[J]. Frontiers in Plant Science, 2017, 8: 613.

[230] Guo B, Liang Y, Zhu Y, et al. Role of salicylic acid in alleviating oxidative damage in rice roots (*Oryza sativa*) subjected to cadmium stress[J]. Environmental Pollution, 2007, 147(3): 743-749.

[231] Khan A, Ashraf M. Exogenously applied ascorbic acid alleviates salt-induced oxidative stress in wheat[J]. Environmental and Experimental Botany, 2008, 63(1-3): 224-231.

[232] Bartwal A, Pande A, Sharma P, et al. Intervarietal variations in various oxidative stress markers and antioxidant potential of finger millet (*Eleusine coracana*) subjected to drought stress[J]. J Environ Biol, 2016, 37(4): 517.

[233] Smirnoff N. Botanical briefing: The function and metabolism of ascorbic acid in plants[J]. Annals of Botany, 1996, 78(6): 661-669.

[234] Golan T, Mller-Moul P, Niyogi K K. Photoprotection mutants of Arabidopsis thaliana acclimate to high light by increasing photosynthesis and specific antioxidants[J]. Plant, Cell & Environment, 2006, 29(5): 879-887.

[235] Pyngrope S, Bhoomika K, Dubey R. Reactive oxygen species, ascorbate-glutathione pool, and enzymes of their metabolism in drought-sensitive and tolerant indica rice (*Oryza sativa* L.) seedlings

subjected to progressing levels of water deficit[J]. Protoplasma, 2013, 250(2): 585-600.

[236] Meyer A J, Hell R. Glutathione homeostasis and redox-regulation by sulfhydryl groups[J]. Photosynth Res, 2005, 86(3): 435-457.

[237] Asensi M, Sastre J, Pallardo F V, et al. Ratio of reduced to oxidized glutathione as indicator of oxidative stress status and DNA damage, Methods Enzymol[M]. Elsevier, 1999,1: 267-276.

[238] Awad H M, Boersma M G, Vervoort J, et al. Peroxidase-catalyzed formation of quercetin quinone methide-glutathione adducts[J]. Arch Biochem Biophys, 2000, 378(2): 224-233.

[239] Wang J, Feng X, Anderson C W N, et al. Implications of Mercury Speciation in Thiosulfate Treated Plants[J]. Environmental Science & Technology, 2012, 46(10): 5361.

[240] Török A, Gulyás Z, Szalai G, et al. Phytoremediation capacity of aquatic plants is associated with the degree of phytochelatin polymerization[J]. Journal of Hazardous Materials, 2015, 299: 371-378.

[241] Howden R, Andersen C R, Goldsbrough P B, et al. A cadmium-sensitive, glutathione-deficient mutant of Arabidopsis thaliana[J]. Plant Physiol, 1995, 107(4): 1067-1073.

[242] Wójcik M, Tukiendorf A. Glutathione in adaptation of Arabidopsis thaliana to cadmium stress[J]. Biol Plant, 2011, 55(1): 125-132.

[243] Freeman J L, Salt D E. The metal tolerance profile of Thlaspi goesingense is mimicked in Arabidopsis thaliana heterologously expressing serine acetyl-transferase[J]. BMC Plant Biol, 2007, 7(1): 63.

[244] Takahashi H, Yamazaki M, Sasakura N, et al. Regulation of sulfur assimilation in higher plants: a sulfate transporter induced in sulfate-starved roots plays a central role in Arabidopsis thaliana[J]. Proceedings of the National Academy of Sciences, 1997, 94(20): 11102-11107.

[245] Gill S S, Tuteja N. Cadmium stress tolerance in crop plants: Probing the role of sulfur[J]. Plant Signaling & Behavior, 2011, 6(2): 215-222.

[246] Fang H, Liu Z, Jin Z, et al. An emphasis of hydrogen sulfide-cysteine cycle on enhancing the tolerance to chromium stress in Arabidopsis[J]. Environmental Pollution, 2016, 213: 870-877.

[247] González-Carranza Z H, Lozoya-Gloria E, Roberts J A. Recent developments in abscission: Shedding light on the shedding process[J]. Trends in Plant Science, 1998, 3(1): 10-14.

[248] Yang Q, Wang Y, Zhang J, et al. Identification of aluminum-responsive proteins in rice roots by a proteomic approach: Cysteine synthase as a key player in Al response[J]. Proteomics, 2007, 7(5): 737-749.

[249] Cobbett C S. Phytochelatin biosynthesis and function in heavy-metal detoxification[J]. Curr

Opin Plant Biol, 2000, 3(3): 211-216.

[250] Pighin J A, Zheng H, Balakshin L J, et al. Plant cuticular lipid export requires an ABC transporter[J]. Science, 2004, 306(5696): 702-704.

[251] Kerr I D. Structure and association of ATP-binding cassette transporter nucleotide-binding domains[J]. Biochimica et Biophysica Acta (BBA)-Biomembranes, 2002, 1561(1): 47-64.

[252] Bovet L, Feller U, Martinoia E. Possible involvement of plant ABC transporters in cadmium detoxification: A cDNA sub-microarray approach[J]. Environment International, 2005, 31(2): 263-267.

[253] Klein M, Burla B, Martinoia E. The multidrug resistance-associated protein (MRP/ABCC) subfamily of ATP-binding cassette transporters in plants[J]. FEBS Lett, 2006, 580(4): 1112-1122.

[254] Briat J-F. Arsenic tolerance in plants:"Pas de deux" between phytochelatin synthesis and ABCC vacuolar transporters[J]. Proceedings of the National Academy of Sciences, 2010, 107(49): 20853-20854.

[255] Palmer C M, Guerinot M L. Facing the challenges of Cu, Fe and Zn homeostasis in plants[J]. Nat Chem Biol, 2009, 5(5): 333.

[256] Adams J P, Adeli A, Hsu C-Y, et al. Poplar maintains zinc homeostasis with heavy metal genes HMA4 and PCS1[J]. Journal of Experimental Botany, 2011, 62(11): 3737-3752.

[257] Hatefi Y. The mitochondrial electron transport and oxidative phosphorylation system[J]. Annu Rev Biochem, 1985, 54(1): 1015-1069.

[258] Raha S, Robinson B H. Mitochondria, oxygen free radicals, disease and ageing[J]. Trends Biochem Sci, 2000, 25(10): 502-508.

[259] Sarbassov D D, Guertin D A, Ali S M, et al. Phosphorylation and regulation of Akt/PKB by the rictor-mTOR complex[J]. Science, 2005, 307(5712): 1098-1101.

[260] Allen J F. Photosynthesis of ATP—electrons, proton pumps, rotors, and poise[J]. Cell, 2002, 110(3): 273-276.

[261] Zhang X, Yang H, et al. Role of Flavonol Synthesized by Nucleus FLS1 in Arabidopsis Resistance to Pb Stress[J]. Journal of Agricultural and Food Chemistry, 2020, 68(36): 9646-9653.